Aleksandar Klimeski

Tratamento do escoamento agrícola com materiais que retêm o fósforo

Aleksandar Klimeski

Tratamento do escoamento agrícola com materiais que retêm o fósforo

ScienciaScripts

Imprint

Any brand names and product names mentioned in this book are subject to trademark, brand or patent protection and are trademarks or registered trademarks of their respective holders. The use of brand names, product names, common names, trade names, product descriptions etc. even without a particular marking in this work is in no way to be construed to mean that such names may be regarded as unrestricted in respect of trademark and brand protection legislation and could thus be used by anyone.

Cover image: www.ingimage.com

This book is a translation from the original published under ISBN 978-3-659-84764-6.

Publisher:
Sciencia Scripts
is a trademark of
Dodo Books Indian Ocean Ltd. and OmniScriptum S.R.L publishing group

120 High Road, East Finchley, London, N2 9ED, United Kingdom
Str. Armeneasca 28/1, office 1, Chisinau MD-2012, Republic of Moldova, Europe
Managing Directors: Ieva Konstantinova, Victoria Ursu
info@omniscriptum.com

Printed at: see last page
ISBN: 978-620-8-37138-8

ÍNDICE DE CONTEÚDOS

Resumo

A deterioração da qualidade das águas de superfície em todo o mundo está associada a perdas de fósforo (P) de fontes difusas. O controlo dessas perdas é bastante difícil, mas a sua importância na redução dos efeitos da eutrofização é crucial. As perdas de fósforo de fontes difusas representam uma parte significativa das transferências totais de P para as águas de superfície. Nas últimas décadas, os investigadores estudaram e aplicaram numerosos métodos para reduzir as perdas de fósforo não pontuais, mas esses estudos foram geralmente insuficientes para alterar o impacto da agricultura no curso da eutrofização das águas de superfície. Por exemplo, embora as entradas de P e azoto (N) no mar Báltico tenham diminuído significativamente nas últimas duas décadas, o mar Báltico continua a representar uma massa de água eutrofizada. Para reduzir ainda mais as perdas de P provenientes da agricultura, os actuais métodos de redução de P devem ser alterados com técnicas adicionais. Uma dessas técnicas envolve a utilização de materiais que retêm P como filtros colocados em valas nas zonas agrícolas.

Este estudo engloba um conjunto de configurações laboratoriais, meso e em grande escala para identificar potenciais materiais de retenção de P disponíveis na Finlândia para o tratamento de escoamento agrícola. Os estudos laboratoriais investigaram o potencial de retenção de P de materiais frescos e intemperizados ricos em Ca (Sachtofer PR®, escórias de aço, Filtra P®, Filtralite P®), bem como de materiais ricos em Fe (resíduos de drenagem de minas - MDR) em testes de escoamento quando se aplicou uma concentração elevada de P na entrada de 50 mg/l. O processo de meteorização serviu para lixiviar espécies solúveis como Ca^{2+} e OH^- , imitando assim filtros envelhecidos. Além disso, os testes de dessorção/dissolução envolveram a colocação de materiais saturados de P em soluções de pH variável, bem como a extração de um mês com grandes volumes de água. O Sachtofer PR® , as escórias de aço, o Filtra P® e o MDR retiveram quantidades relativamente grandes de P, variando entre 12 e 24 mg P/g de material. Como mostram os testes de dessorção/dissolução, dois mecanismos distintos controlaram a retenção de P pelos materiais: precipitação de fosfatos de Ca e sorção de P nas superfícies de hidróxido de Fe.

Como o material mais promissor, o Sachtofer PR® foi utilizado em filtros de meso (20 kg) e grande escala (7 toneladas) que trataram influentes com concentrações de P significativamente mais baixas, até 6 mg/l e 0,25 mg/l, respetivamente. A solução de alimentação no filtro de mesoescala alternou entre águas da torneira e do rio enriquecidas com P, enquanto o filtro de grande escala tratou o escoamento agrícola de 17 ha de terras de cultivo. À medida que a aplicação de Sachtofer foi aumentada e a concentração de P afluente diminuiu, a retenção cumulativa de P diminuiu de 19 mg P/g no laboratório para 0,06 mg P/g no campo. A experiência à mesoescala indicou que a eficiência da remoção de P diminuiu também devido à presença de carbono orgânico dissolvido (DOC) nos afluentes; o filtro reteve cerca de 10% da quantidade total de DOC adicionada ao sistema. Quanto ao filtro de grandes dimensões, a formação de trajectos preferenciais de água resultantes da decomposição do material e dos ciclos de congelação-descongelação reduziu consideravelmente a sua eficiência. Além disso, em condições de caudal elevado durante as nevadas da primavera ou as chuvas fortes, o filtro grande tratou apenas uma pequena parte do caudal de entrada; o caudal tratado estimado durante todo o período de ensaio foi de cerca de 20%. Manter um limite baixo de efluentes é um desafio, e essas técnicas devem servir para remover uma parte significativa (por exemplo, 30-40%) da massa dissolvida de P no escoamento agrícola. Para justificar a potencial recuperação de P dos filtros usados e para garantir uma boa relação custo-eficácia, o material de retenção de P deve atingir uma saturação significativa de P. Além disso, as estruturas de remoção de P devem ser associadas a outras melhores práticas de gestão para minimizar as perdas de P provenientes da agricultura.

Palavras-chave: Materiais de retenção de P, retenção de P, precipitação, sorção, aplicação em escala superior, carbono orgânico dissolvido, alteração de materiais, fluxos preferenciais, fluxos elevados, filtros, barreiras reactivas permeáveis

Lista de publicações originais

Esta tese baseia-se nas seguintes publicações:

I
Klimeski, A., W. J. Chardon, R. Uusitalo e E. Turtola. 2012. Potencial e limitações dos meios de retenção de fosfato na proteção da água - uma revisão baseada em processos de testes laboratoriais e à escala do terreno. Ciência Agrícola e Alimentar 21: 206-223.

II
Klimeski A., Uusitalo R. e Turtola E., 2014. Triagem de materiais ricos em Ca- e Fe para sua aplicabilidade como filtros de retenção de fosfato. Engenharia Ecológica 68: 143154.

III
Klimeski A., Uusitalo R. e Turtola E. Variações na retenção de fósforo por um material sólido durante o aumento da sua aplicação. Environmental Technology and Innovation 4: 285-298.

As publicações são referidas no texto por números romanos a negrito. Os artigos originais são reproduzidos com a amável autorização dos detentores dos direitos de autor.

Contribuições

A tabela seguinte apresenta as contribuições dos autores para os artigos originais

	I	II	III
Planeamento	A.K., R.U., E.T.	A.K., R.U.	R.U., A.K.
Desempenho, amostragem		A.K.	A.K.
Análise de dados e preparação do manuscrito	A.K., R.U., E.T., W.C.	A.K., R.U., E.T.	A.K., R.U., E.T.

A.K. = Aleksandar Klimeski
R.U. = Risto Uusitalo
E.T. = Eila Turtola
W.C. = Wim Chardon

Agradecimentos

Este projeto começou no início de 2010 e foi realizado no Instituto de Recursos Naturais da Finlândia (LUKE).

Gostaria de agradecer a várias organizações pelo financiamento que concederam ao longo dos últimos anos: a Fundação Maj e Tor Nessling, a Maa ja vesitekniikan tuki, a Fundação August Johannes e Aino Tiura e a Universidade de Helsínquia. Expresso também o meu apreço pela escola de doutoramento VALUE, que forneceu financiamento equivalente e organizou muitos cursos. Por último, a LUKE disponibilizou-me todas as instalações básicas e apoiou-me na realização bem sucedida deste estudo.

Tive a sorte de conhecer e ser supervisionado por pessoas fantásticas. Estou grato ao meu orientador principal, Dr. Risto Uusitalo, pelas suas sugestões, comentários e complementos à minha escrita, bem como pelos seus pensamentos e conselhos ao longo dos anos, para além de todo o apoio que me deu em ocasiões formais e informais. Muito obrigado à professora Eila Turtola, que apoiou o meu trabalho em todas as circunstâncias; forneceu comentários úteis sobre a forma de completar o estudo, leu e comentou os artigos e foi uma verdadeira amiga na vida quotidiana. O Risto e a Eila deram-me a liberdade de realizar este projeto, ensinaram-me a analisar problemas de investigação e a ver cada problema de diferentes ângulos; proporcionaram-me também um ambiente de trabalho fácil. São supervisores e amigos por excelência.

Expresso também o meu apreço à professora Laura Alakukku, minha orientadora na Universidade de Helsínquia, por ter tratado de todas as formalidades necessárias na universidade relativamente à conclusão dos meus cursos e créditos; ela também forneceu comentários úteis sobre esta tese e tratou sem problemas do procedimento oficial na universidade. Agradeço também aos pré-examinadores desta dissertação, a professora associada Deborah Ballantine e o professor Bjorn Klove, pelas suas declarações e observações úteis e encorajadoras. O pessoal técnico da LUKE ajudou-me significativamente durante o trabalho de laboratório e a construção de vários equipamentos; agradeço a Helena Merkkiniemi, Mirva Ceder, Leena Seppanen, Taisto Siren e Aaro Narvanen. Agradeço o trabalho realizado por Marianna Kemell, investigadora da Universidade de Helsínquia, que observou e efectuou a análise química das partículas do material filtrante.

Estou também grato à secretária da LUKE, Pirjo Mantere-Maki, por ter organizado todos os pormenores necessários antes da minha chegada à Finlândia e pela sua ajuda em questões jurídicas relacionadas, o que foi muito importante para me adaptar ao novo ambiente. Agradeço a todos os investigadores e ao pessoal do edifício eletrónico (Planta) do LUKE, em Jokioinen; tivemos muitas conversas à volta da mesa do café durante os longos Invernos e os longos dias de verão. Finalmente, agradeço a Stephen Stalter, professor de escrita científica na Universidade de Helsínquia, por ter revisto todos os artigos incluídos neste resumo, bem como a tese de doutoramento; os seus comentários, observações e alterações ajudaram-me a melhorar significativamente as minhas capacidades de escrita.

Capítulo 1

Para Kliment, Kalina e Viki

1. Introdução

O fósforo (P) é um elemento essencial que mantém a existência dos organismos vivos, uma vez que está incorporado nas moléculas de ácido desoxirribonucleico (ADN) e trifosfato de adenosina (ATP). Nos seres humanos e nos animais, os fosfatos de Ca (principalmente apatite ou bioapatite) são os principais constituintes dos dentes e dos ossos, e o P também suporta a atividade dos músculos e dos nervos, catalisando várias reacções bioquímicas (Valsami-Jones, 2004). O fósforo também estimula o crescimento das plantas; entra nas plantas através das membranas celulares no sistema radicular, mais frequentemente sob a forma de ortofosfatos, para posterior utilização na síntese de ATP e na fixação de dióxido de carbono (CO_2) (fotossíntese). Nos solos, uma vasta gama de microrganismos utiliza o P, determinando assim a concentração de P através dos processos de mineralização e imobilização. Além disso, nos ecossistemas de água doce, o P é frequentemente o nutriente limitante que controla o crescimento das plantas aquáticas e dos microrganismos (Schindler, 1977; Baird e Cann, 2005). O fósforo merece uma atenção profunda porque, para além das suas funções vitais na biosfera, este elemento é maioritariamente obtido a partir de uma fonte única e finita: a rocha fosfática (Cordell et al. 2009).

Hennig Brandt, um alquimista alemão, foi o primeiro a extrair P da urina em 1669; tornando-o o 13th elemento descoberto. Nos primeiros 100 anos após a sua descoberta, a extração de P da urina implicava a utilização de calor associado à adição de carvão. [th]Mais tarde, no final do século XVIII, o P foi extraído principalmente de ossos de animais, através da aplicação de ácido sulfúrico (H_2SO_4) e carvão como agente redutor e serviu principalmente como fonte de chama instantânea (Cordell et al. 2009; Emsley, 2000). Nessa altura, a França era o maior fabricante de P, produzindo cerca de 100 kg/ano. [th]No século XIX, o P era amplamente utilizado como acendedor de chama em fósforos de fricção. No entanto, no final desse século, o P era extraído principalmente de minérios, o que permitiu que a produção atingisse 500 toneladas/ano (Emsley, 2000).

1.1 Impacto humano no ciclo do P e deterioração da qualidade das águas de superfície

Em 1861, A. Muller patenteou um método que envolvia o forte aquecimento do mineral de fosfato, areia e coque. [th]Desde então, a produção de P elementar tem vindo a aumentar, tendo caído a pique no século XX, atingindo cerca de 38 000 toneladas/ano em 1939, apenas nos EUA. Durante as duas guerras mundiais, foram produzidas grandes quantidades de bombas de P e de gases neurotóxicos (organofosforados) (Emsley, 2000). Após a Segunda Guerra Mundial, a aplicação generalizada de fertilizantes com P, bem como a adição de polifosfatos em detergentes para amaciar a água, tornaram-se práticas regulares em todo o mundo. Até à década de 1970, a produção atingiu 1x106 toneladas/ano (Rockstrom et al. 2009; Brady e Weil, 2008; Emsley, 2000).

Atualmente, são extraídas cerca de 20106 toneladas de fosfato por ano e, embora

Os investigadores são unânimes em prever o crescimento da procura de fertilizantes P para satisfazer a crescente necessidade de alimentos da população mundial, mas prevêem diferentes cenários para o esgotamento das reservas de rocha fosfática. Alguns prevêem que a exploração esgotará as reservas em cerca de 200 anos, enquanto outros defendem que tal poderá acontecer bastante mais cedo (Gilbert, 2009; Cordell et al. 2009). No entanto, persiste a incerteza sobre as reservas actuais, uma vez que alguns grandes produtores, como a China e Marrocos, fornecem dados inconsistentes sobre a dimensão das reservas actuais. Os peritos têm em consideração algumas alternativas para satisfazer o pico da necessidade de fosfatos, como a redução da utilização de fertilizantes, a recuperação de fosfatos de várias fontes, como o estrume animal, a obtenção de estruvite através da precipitação de fosfatos de águas residuais ou a reciclagem de estruvite de depósitos em condutas de tratamento de águas (Gilbert, 2009).

Nas massas de água em estado puro, o fornecimento de P tem origem principalmente na meteorização de minerais de fosfato em rochas e solos. No entanto, a perturbação do ciclo natural do P resultante da exploração de minérios de fosfato duplicou as perdas de P dissolvido em várias massas de água, representando até à data $2*10^6$ toneladas/ano em todo o mundo (Valsami-Jones, 2004). Estas entradas excessivas de P, bem como de azoto (N), alimentam a produção primária nos ecossistemas de água doce (Schindler, 1977; Howarth e Marino, 2006). O fósforo aumenta a população de fitoplâncton que, por sua vez, pode ser regulada pela população de zooplâncton, que se alimenta da primeira. Assim, o aumento do aporte de nutrientes, juntamente com a presença negligenciável de zooplâncton (por exemplo, devido à poluição industrial), pode induzir o processo de eutrofização e deteriorar consideravelmente a qualidade das massas de água através da redução dos níveis de oxigénio (O_2), da libertação de toxinas microbianas, da deterioração das propriedades organolépticas e da diminuição da transparência da água, entre outros (Schindler, 1977; Baird e Cann, 2005; Emsley, 2000).

Rockstrom et al. (2009) afirmaram que até $9,5*10^6$ toneladas de P/ano entram nos oceanos e, subsequentemente, dão início a zonas anóxicas em grande escala e à perda de vida marinha. Rockstrom et al. (2009) observaram também que essas condições indesejáveis ocorrem se a massa de P que entra nos oceanos exceder em 20% a entrada natural de fundo. As entradas mais elevadas de P e N, bem como a lenta reposição de água e o longo tempo de residência dos nutrientes, fazem do Mar Báltico um exemplo clássico de uma massa de água eutrofizada (HELCOM, 2011).

1.1.1 Entradas de P no mar Báltico provenientes de fontes pontuais e não pontuais

As entradas de P e N na bacia hidrográfica do Mar Báltico aumentaram até ao final dos anos 80 e início dos anos 90, em resultado de um aumento significativo da utilização de fertilizantes inorgânicos. No entanto, nas duas últimas décadas, as entradas destes nutrientes diminuíram e, num esforço para combater a eutrofização, os países da UE que rodeiam o Mar Báltico impuseram limites às águas de descarga (por exemplo, a Diretiva-Quadro da Água da UE) (Antikainen et al. 2005; HELCOM, 2011).

Os aportes antropogénicos de P no mar Báltico provêm de fontes pontuais e não pontuais. As fontes pontuais incluem os municípios, as indústrias e as explorações piscícolas, enquanto os campos agrícolas, os confinamentos de animais e as florestas representam as principais fontes não pontuais. Em 2006, o total das descargas de P e N por via aquática no mar Báltico atingiu 28 370 toneladas e 638 000 toneladas, respetivamente. As melhorias no tratamento das águas residuais, bem como o encerramento de algumas indústrias, levaram a uma diminuição anual das entradas pontuais de P de cerca de 78 toneladas entre 1994 e 2008. No entanto, a maior parte da carga total de P no mar Báltico em 2006 (cerca de 55%) teve origem em fontes pontuais (HELCOM, 2011). As fontes não pontuais, por outro lado, revelaram-se mais problemáticas e difíceis de controlar (Antikainen et al. 2005; Penn e Bryant, 2006). A agricultura é responsável por 80% das entradas difusas antropogénicas de P no mar Báltico (HELCOM, 2011).

Na Finlândia, as entradas de P nos solos agrícolas mantiveram-se abaixo das 20 000 toneladas/ano até à década de 1940, altura em que se registou um aumento acentuado das aplicações de fertilizantes, que atingiu o seu máximo na década de 1970 (mais de 90 000 toneladas/ano) (Antikainen et al. 2008). As entradas de fósforo envolvem a aplicação de fertilizantes e estrume, a meteorização e a deposição atmosférica. A produção de fósforo (rendimentos das culturas e das pastagens) na década de 1970 foi inferior a 20 000 toneladas/ano, o que significa que o armazenamento de fósforo nos solos e a lixiviação representaram cerca de 70 000 toneladas/ano.

Alguns estudos examinaram diferentes cenários dos efeitos da redução do aporte de nutrientes no mar Báltico. Pitkanen et al. (2007), por exemplo, utilizaram um modelo para mostrar que uma redução de 44% na entrada total de P no Golfo da Finlândia poderia reduzir a população de algas (cianobactérias não fixadoras de N) em 35% em cinco anos.

1.2 Formas de fósforo inorgânico e medidas de atenuação comuns para limitar as perdas de P dos solos agrícolas

Nas massas de água e nos solos, o P está distribuído por vários reservatórios de formas inorgânicas e orgânicas. As formas orgânicas de P consistem em inositol, ácidos nucleicos e fosfolípidos e, através dos processos de degradação microbiana, as formas orgânicas são convertidas em formas inorgânicas. O P orgânico dissolvido (POD) é bastante móvel, uma vez que o solo não o adsorve facilmente, e em áreas com muita adubação, concentrações mais elevadas de POD podem induzir o processo de eutrofização (Brady e Weil, 2008). No entanto, o presente estudo explora a remoção de P inorgânico dissolvido e centra-se nas formas inorgânicas de P.

Nos solos, o P inorgânico existe sob a forma de fosfatos de cálcio (Ca)-, ferro (Fe)- e alumínio (Al)-, adsorvidos a minerais de argila ou a superfícies de hidróxidos metálicos e sob a forma de ortofosfato dissolvido. O equilíbrio entre estes reservatórios é constante e regido por reacções químicas e bioquímicas complexas que determinam a ligação e a libertação de P das partículas (Baird e Cann, 2005; Brady e Weil, 2008). Os solos agrícolas podem adquirir um elevado teor de P em resultado da aplicação de fertilizantes ou da acumulação de P na vizinhança de instalações de produção de alimentos para animais e nas pastagens (Uusitalo, 2004; Turtola, 1999; Uusi-Kamppa, 2010). À medida que a concentração de P na solução do solo diminui em resultado da absorção pelas plantas, por exemplo, o P mantém o equilíbrio no sistema sólido-líquido através da dessorção das partículas.

Haygarth et al. (2005) definiram quatro fases do continuum de transferência de P: fonte, mobilização, entrega e impacto, e os autores afirmaram que a complexidade, a incerteza e a escala da transferência de P aumentam à medida que esta se desenvolve. Os solos enriquecidos com fósforo fornecem P às massas de água através do escoamento superficial ou do fluxo subsuperficial, tanto na forma de partículas como de P dissolvido (Penn e Bryant, 2006; Turtola e Yli-Halla, 1999).

1.2.1 Fósforo ligado a partículas

Nos solos e sedimentos dos sistemas aquáticos, o P é adsorvido nas superfícies de Fe/Al-hidróxido sob a forma de complexos monodentados ou bidentados de esfera interna (Figura 1). Os grupos fosfato podem eventualmente ser dessorvidos para manter o equilíbrio água-hidróxido metálico, tornando assim o P biodisponível. No entanto, a biodisponibilidade do P particulado varia. Num estudo que avaliou a biodisponibilidade do P particulado, Uusitalo et al. (2003) estimaram que cerca de 50% do P particulado era dessorvível e sensível à redox. Com base em ensaios com algas, Ekholm, (1998) observou uma grande variação na biodisponibilidade do P particulado consoante a fonte: em média, 20% para o solo superficial em terrenos agrícolas, 4% para a matéria em suspensão nas águas fluviais e 25% para as águas residuais municipais.

As perdas de P particulado resultam principalmente da perturbação da estrutura do solo, seguida do desprendimento de partículas e da sua transferência pelos fluxos de água para as massas de água receptoras. A aplicação das seguintes melhores práticas de gestão pode reduzir as perdas de partículas de P na fonte (a, b) ou durante a fase de transporte de um campo agrícola para os cursos de água (c, d):

a) Plantio direto

Puustinen et al. (2005) observaram que uma mudança da lavoura de outono para uma cobertura vegetal permanente reduziu as perdas de partículas de P; no outono, por exemplo, o tratamento com erva diminuiu a concentração de partículas de P no escoamento superficial em cerca de 60%. De forma semelhante, num artigo de revisão que estuda o efeito dos métodos de plantio direto em diferentes partes da Europa, Soane et al. (2012) observaram que estes métodos minimizam a erosão e reduzem as perdas de P particulado. No entanto, a prática do plantio direto pode causar maiores perdas de P dissolvido resultantes da decomposição das plantas e da acumulação de P na superfície do solo (Puustinen et al. 2005).

b) Alterações do solo

Uusitalo et al. (2012b) observaram que a aplicação de gesso como corretivo do solo reduziu as perdas de P particulado em mais de 70% durante um período de teste de três anos. Ekholm et al. (2012) encontraram reduções semelhantes num estudo à escala da bacia hidrográfica. Os autores atribuíram esta redução principalmente ao aumento da força iónica da solução do solo e a uma redução das forças de repulsão entre as partículas, o que, por sua vez, causou a floculação e agregação das partículas.

c) Zonas húmidas construídas

O principal objetivo destes ecossistemas é utilizar plantas e microrganismos para absorver biologicamente, e assim remover, P e N. Além disso, a remoção de P particulado ocorre através da deposição de matéria particulada. Kynkaanniemi, (2014), por exemplo, estudou a eficiência de remoção de P de pequenas zonas húmidas em áreas agrícolas suecas e observou resultados variáveis. Algumas zonas húmidas actuaram como fontes e outras como sumidouros de P, principalmente através da deposição de partículas. Alguns factores, como os custos elevados e a disponibilidade de áreas relativamente grandes, restringem a aplicabilidade generalizada das zonas húmidas construídas.

d) Tiras de tampão

À semelhança das zonas húmidas construídas, as faixas de proteção podem reduzir as perdas de P através da sedimentação de partículas transferidas pelo escoamento superficial, embora

Uusi-Kamppa, (2010) tenha observado uma grande variação na sua eficiência.

1.2.2 P dissolvido

O P dissolvido refere-se ao ortofosfato reativo ao molibdato; as espécies dominantes na gama de pH típica (5-9) dos sistemas aquáticos são os iões dihidrogenofosfato ($H_2 PO_4^-$) e hidrogenofosfato (HPO_4^{2-}) (Henze et al. 2002). Estas espécies são inteiramente biodisponíveis, estimulando assim grandemente o crescimento de algas e, consequentemente, contribuindo para a deterioração da qualidade dos ecossistemas aquáticos (Ekholm e Krogerus, 1998). Vários mecanismos, como a dissolução de fosfatos metálicos, a dessorção de P das partículas e os processos de mineralização/imobilização, determinam a concentração de P dissolvido na solução. Em áreas agrícolas, os investigadores têm investigado várias práticas para reduzir as perdas de P dissolvido, quer na fonte (a) quer durante a fase de mobilização (b, c, d, e):

a) Alterações do solo
Foram efectuados estudos sobre vários subprodutos naturais e industriais, como o alúmen, o gesso, os resíduos do tratamento de água potável (DWTR) e as cinzas volantes, para determinar a sua capacidade de reter o P dissolvido como corretivos do solo (Callahan et al. 2002; Penn e Bryant, 2006). Agyin-Birikorang e O'Connor, (2007) afirmaram que os DWTR podem proporcionar uma retenção de P a longo prazo (cerca de 7 anos), ao passo que Penn e Bryant, (2006) argumentaram que as alterações do solo proporcionam uma retenção a curto prazo (poucos anos) de P dissolvido e que, por conseguinte, são necessárias medidas de atenuação adicionais.

b) Zonas húmidas construídas
Em muitos países, a criação de zonas húmidas construídas serviu para reduzir as perdas de P dissolvido através da absorção por plantas e microorganismos. Hoffmann et al. (2011), por exemplo, investigaram a retenção de P de zonas húmidas dinamarquesas restauradas e observaram capacidades inconsistentes; algumas das zonas húmidas serviram como fontes e outras como sumidouros de P dissolvido. Num estudo de cinco anos que investigou a capacidade de três zonas húmidas na Nova Zelândia para reter P, Tanner e Sukias, (2011) notaram não só uma fraca retenção de P dissolvido, mas que todas as zonas húmidas se comportaram como fontes de P dissolvido.

c) Tubos de drenagem envelopados
Trata-se de uma técnica bastante nova que consiste em envolver os tubos de drenagem em zonas agrícolas com um material que retém o P. Groenenberg et al. (2013), por exemplo, testaram um material rico em Fe (um subproduto do tratamento de água potável) e observaram que, durante um ano, o material removeu 94% do P dissolvido na água de drenagem. No entanto, a eficiência desta técnica requer uma verificação mais aprofundada com experiências a longo prazo.

d) Dosagem de sulfato férrico
Uusitalo et al. (2015) investigaram o desempenho de distribuidores de sulfato férrico colocados em 15 valas no sudoeste da Finlândia durante dois anos. A aplicação de sulfato férrico reduziu a concentração de P dissolvido no escoamento agrícola em cerca de 70%. Uusitalo et al. (2015) recomendaram a utilização deste método apenas em zonas de fonte

crítica com elevadas concentrações de P dissolvido, e apenas para complementar outras medidas em uso nas fontes de P.

Na Finlândia, a utilização prolongada de fertilizantes inorgânicos no passado e a acumulação de P nos solos significam que a agricultura contribui significativamente para a eutrofização das massas de água. A aplicação de algumas práticas (fertilização reduzida, métodos de plantio direto, faixas de proteção) reduziu as perdas de P das terras agrícolas (HELCOM, 2011). No entanto, essas perdas ainda representam uma parte significativa da entrada antropogénica de P no Mar Báltico. Mesmo que a fertilização com P satisfaça as necessidades das plantas, uma redução de 40% nas perdas de P dissolvido exigiria cerca de 20 anos (Lemola et al. 2013). Uma vez que o P dissolvido é totalmente biodisponível, a sua redução requer o desenvolvimento de métodos de mitigação adicionais. Por este motivo, o presente estudo centra-se no processo de identificação de materiais e na construção de estruturas de remoção de P.

1.3 Estruturas de remoção de fósforo como medidas de atenuação das perdas de P dissolvido

A criação de estruturas de remoção de P que exijam uma manutenção mínima tem como objetivo a remoção a longo prazo e com uma boa relação custo-eficácia do P dissolvido. Embora muitos estudos laboratoriais que identificam potenciais materiais retentores de P tenham apresentado resultados promissores (**I**), apenas um número limitado de estudos se debruça sobre o tratamento em grande escala do escoamento agrícola e das águas residuais municipais (Penn et al. 2012; Shilton et al. 2006; Dobbie et al. 2009). Por esta razão, os materiais que retêm P ainda não representam uma ferramenta comum para mitigar os efeitos da eutrofização. Os custos e os potenciais efeitos secundários (por exemplo, aumento do pH, condutividade eléctrica (CE), lixiviação de metais pesados) dos materiais reactivos limitam significativamente a utilização generalizada de tais técnicas, deteriorando assim potencialmente a qualidade da água das massas de água através da "troca de poluição".

O desenvolvimento de estruturas de remoção de P deve implicar um conjunto de experiências laboratoriais e em grande escala antes de uma aplicação à escala real. Por exemplo, devem ser identificados os mecanismos de retenção de P, bem como as alterações das propriedades físico-químicas dos materiais ao longo do tempo. É também importante observar o desempenho de potenciais materiais de retenção de P em diferentes escalas. As secções 1.3.1 e 1.3.2 centram-se nos mecanismos de retenção de P, na caraterização dos materiais e na elaboração, com base no processo, da aplicação à escala superior dos materiais de retenção de P.

1.3.1 Mecanismos de retenção de fósforo

Desde a década de 1960, investigadores de todo o mundo (por exemplo, Yee, 1966; Neufeld e Thodos, 1969) têm vindo a investigar a aplicabilidade de vários materiais naturais, subprodutos industriais e produtos comerciais como filtros de retenção de P (Quadros 1 e 2 no Documento **I**). A retenção de fósforo por esses materiais baseia-se principalmente na precipitação de P sob a forma de fosfatos de Ca/Mg (materiais ricos em Ca e Mg solúveis), através da sorção em superfícies de hidróxido de Fe/Al (materiais ricos em hidróxidos metálicos amorfos) ou ambos (**I**).

Johansson e Gustafsson, (2000) afirmaram que os materiais que contêm quantidades consideráveis de iões Ca^{2+} e hidroxilo (OH^-) sofrem a formação de hidroxiapatite, mas antes disso podem formar-se precipitados menos estáveis termodinamicamente, tais como fosfatos de cálcio amorfos ($Ca_4H(PO_4)_3$) e fosfato octacálcico. A reação de precipitação da hidroxiapatite é a seguinte

$$5Ca^{2+} + 3H_2PO_4^- + 7OH^- \wedge Ca_5(PO_4)_3 (OH)_{(s)} + 6H_2O \qquad \text{(Yeoman et al. 1988)}$$

Para materiais ricos em hidróxidos de Fe/Al amorfos, o mecanismo de retenção de P envolve reacções de troca de ligandos (Hsu, 1964). A adsorção atinge o seu pico em soluções ácidas e diminui gradualmente com o aumento do pH devido à sorção competitiva com iões OH-, bem como à transição de espécies de ortofosfato para espécies mais negativas, reforçando assim as forças de repulsão (Figura 1) (Sigg e Stumm, 1981). A reação é considerada parcialmente reversível no caso da formação de complexos monodentados. Se ocorrer a formação de um complexo bidentado, então o grupo fosfato tornar-se-á muito provavelmente parte integrante da partícula de hidróxido de Fe/Al, tornando assim a reação irreversível.

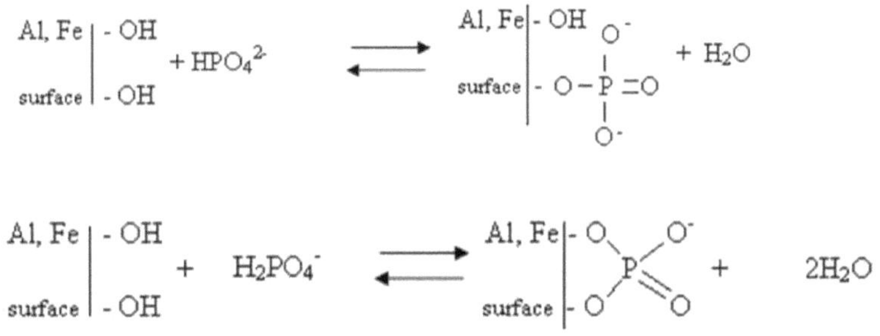

Figura 1. Formação de complexos monodentados (gráfico superior) e bidentados (gráfico inferior) em superfícies de óxidos metálicos (**I**).

1.3.2 Estudos de retenção e libertação de fósforo

1.3.2.1 Do laboratório às aplicações em grande escala de materiais que contêm P

A identificação de materiais potencialmente retentores de P começa geralmente no laboratório, e muitos estudos determinaram parâmetros como o pH, a CE, o teor elementar total de elementos reactivos e metais pesados, bem como as quantidades de Ca (Ca_w) e Mg (Mg_w) extraíveis em água ou de Fe (Fe_{ox}) e Al (Al_{ox}) extraíveis por oxalato (**I**). Esta etapa fornece informações iniciais sobre a quantidade de elementos reactivos, que podem indicar o mecanismo de retenção predominante, sendo por isso uma ferramenta útil no processo de seleção.

O documento **I** discute o facto de a maioria dos estudos de retenção de P utilizar experiências em lote; a utilização de testes laboratoriais de escoamento, no entanto, é bastante infrequente. As configurações de lote e de fluxo são diferentes e, consequentemente, produzem resultados inconsistentes. Nos ensaios em lote, uma quantidade fixa de um material entra em contacto com soluções de P de concentrações crescentes. A mistura é então sujeita a agitação para assegurar um contacto adequado entre o sólido e o líquido. As isotérmicas de Langmuir e/ou Freundlich servem normalmente para determinar parâmetros como a retenção máxima de P e a capacidade de tamponamento de P (**I**). Nos ensaios em lote, muitos parâmetros, como a relação material-solução, a concentração inicial de P, a frequência de agitação e o tempo de reação, influenciam grandemente a retenção de P (ver Cucarella e Renman, 2009). Uma desvantagem destes ensaios, especialmente quando se caracterizam materiais ricos em Ca, é a acumulação de espécies solúveis (Ca^{2+} e OH^-) na solução, criando assim condições altamente favoráveis para a precipitação de fosfatos de Ca e a sobrestimação da capacidade de retenção de P de um material (**I**).

Em contraste com os ensaios em lote, os ensaios de escoamento assemelham-se a sistemas abertos em que o material entra em contacto com uma solução de P em fluxo. Parâmetros como a dimensão das partículas, a composição química do material, a concentração de P afluente e o tempo de retenção (RT) influenciam geralmente a retenção estimada de P nesses ensaios (**I**). Dado que as espécies solúveis, que geralmente afectam a retenção de P, saem continuamente do sistema, as instalações de escoamento assemelham-se mais às condições de campo do que as instalações por lotes (ver Drizo et al. 2002). As concentrações de P influente aplicadas nos ensaios de escoamento raramente são tão elevadas como as mais elevadas utilizadas nos ensaios em descontínuo, e o tempo necessário para saturar o material com P pode variar consideravelmente em função das suas propriedades físico-químicas e dos RT.

Embora os ensaios laboratoriais em descontínuo sobrestimem frequentemente a retenção de P de um material, continuam a ser uma parte inseparável dos protocolos laboratoriais e são, por conseguinte, atractivos devido à rapidez com que fornecem resultados. Por outro lado, embora as instalações de escoamento forneçam estimativas mais fiáveis da capacidade de retenção de P de um material, são demoradas (**I**).

Os materiais potencialmente retentores de P possuem caraterísticas físico-químicas variáveis e, por conseguinte, demonstram diferentes potenciais de retenção de P. Além disso, os estudos de laboratório utilizam geralmente pequenas massas de material, medidas em gramas, que não são representativas da porosidade e da condutividade hidráulica do filtro em condições de campo. Um número limitado de estudos teve como objetivo verificar as retenções de P obtidas em laboratório, aumentando a aplicação do meio reativo (**I**). Os que o fizeram, relatam discrepâncias na retenção de P a diferentes escalas. Sovik e Klove, (2005) testaram um filtro de conchas e cascas à mesoescala e registaram uma capacidade de retenção de P de 0,29 mg/g, enquanto a capacidade estimada em ensaios laboratoriais em lote com rácios material/solução de 1:1 e 1:15 foi de 0,8 e 8 mg/g, respetivamente. Penn et al. (2012) realizaram uma experiência de campo com um filtro de escória de forno de arco elétrico que recebeu afluentes com uma concentração de P de 0,5 mg/l; o tempo de permanência no filtro foi de cerca de 19 minutos. Durante um período de teste de cinco meses, o filtro reteve 25% da entrada de P, o que equivale a uma retenção de P de 26 mg/kg. No entanto, com um modelo obtido a partir de testes laboratoriais, Penn et al. (2012) estimaram uma retenção de P três vezes superior. Os autores não relacionaram esta diferença nas estimativas de retenção de P com as diferentes escalas, mas argumentaram que a mesma resultava das diferentes caraterísticas químicas das amostras de escória utilizadas no laboratório e no campo.

A combinação de configurações de meso e grande escala permite a investigação do comportamento do filtro em condições controladas, bem como a influência de alterações na qualidade da água (por exemplo, concentrações de P influentes, presença de matéria orgânica e sólidos suspensos) e hidráulica. Tais alterações nas configurações de teste podem suprimir grandemente o potencial de um material para reter P (Penn et al. 2012). Dobbie et al. (2009), por exemplo, estudaram o desempenho do óxido de ferro hidratado como meio reativo em filtros de tratamento de águas residuais municipais e concluíram que a remoção de matéria orgânica e de sólidos em suspensão antes da filtração ajudou a melhorar o desempenho das estruturas. Além disso, a experiência realçou a importância de manter um RT superior a 15 min. Shilton et al. (2006) investigaram o desempenho de 10 grandes filtros de escórias de aço entre 1993 e 2003. Nos primeiros cinco anos, os filtros tiveram um bom desempenho e removeram 77% do P total, mas depois a eficiência diminuiu gradualmente. Os autores observaram variações sazonais na concentração de P no efluente devido ao crescimento de algas no tanque de sedimentação, que removeu CO_2 do afluente, elevou ligeiramente o pH e levou a uma precipitação mais eficiente de fosfatos de cálcio nos filtros.

Nos países que circundam o Mar Báltico, apenas um número limitado de estudos investigou a aplicação de materiais de retenção de P para reduzir as perdas de P na agricultura (Kirkkala et al. 2012; Lyngsie et al. 2015; Karczmarczyk e Bus, 2014). Kirkkala et al. (2012), por exemplo, estudaram o desempenho de três grandes filtros, envolvendo a utilização de cal como meio reativo, durante um período de 1,5 a 6,5 anos. A utilização dos filtros produziu resultados promissores, uma vez que as reduções nas massas de P total e dissolvido foram de 60-82% e 46-60%, respetivamente. No entanto, na região do Mar Báltico, as estruturas de remoção de P estão ainda em desenvolvimento e requerem a identificação de factores críticos para a sua eficiência.

1.3.2.2 Estudos de dissolução/dessorção e recuperação de P

Os estudos de dissolução/dessorção devem complementar os estudos de retenção de P porque parte do P previamente retido pode ser libertado em determinadas condições. No caso de materiais ricos em Ca, isto inclui a diminuição das concentrações de P, Ca ou hidróxido na solução dos poros (Diaz et al. 1994). No tratamento de escoamentos agrícolas, estas condições são susceptíveis de ocorrer em condições de caudal elevado ou durante o fornecimento reduzido de espécies solúveis do material reativo (I). Por outro lado, a dessorção de P de materiais ricos em Fe ocorre quando um filtro saturado de P recebe influentes com a presença negligenciável de P. Em estudos de dessorção com uma lama de ferro saturada de P, por exemplo, Chardon et al. (2012) registaram uma libertação de P de 37% após a introdução de uma solução sem P no filtro.

Uma opção para a recuperação de P de filtros gastos ricos em Ca é aplicá-los como corretivos do solo. Cucarella (2009), por exemplo, que realizou experiências em vasos com azevém, aplicando Filtra P saturado com P, Polonite e wollastonite, observou um rendimento superior ao do tratamento com fosfato de potássio. A recuperação de P de filtros ricos em Fe pode ser conseguida com a utilização de álcalis. Sibrell et al. (2009) e Streat et al. (2008), por exemplo, que efectuaram experiências de regeneração com hidróxidos de Fe saturados de P, regeneraram entre 76% e 94% do P previamente retido aplicando NaOH 0,1 M.

Capítulo 2

2. Objectivos e hipóteses do estudo

A investigação moderada sobre grandes estruturas de remoção de P realça a necessidade de testar e identificar novos materiais potenciais de retenção de P, bem como de estabelecer protocolos normalizados para efetuar a caraterização dos materiais. O presente estudo tem como objetivo estabelecer esses protocolos e aumentar a aplicação de um potencial material de retenção de P. Além disso, este estudo engloba um cenário caraterístico das altas latitudes setentrionais, que inclui o desgaste do material em resultado de condições de congelação-descongelação e de elevado caudal devido ao rápido degelo na primavera.

Estes eram os objectivos específicos do estudo:

- Compilar informações e fazer uma revisão exaustiva dos mecanismos de retenção/libertação de P de diferentes materiais em experiências de lote e de fluxo e efetuar uma revisão baseada em processos de aplicações de meso e grande escala para o tratamento de águas residuais municipais e de escoamento agrícola (Documento **I**).

- Avaliar as propriedades de retenção/libertação de P de materiais ricos em Fe, bem como de materiais ricos em Ca, frescos e degradados, disponíveis na Finlândia, em ensaios laboratoriais de escoamento e várias extracções (Documento **II**).

- Avaliar o potencial de retenção de P de um material promissor para o tratamento de águas de torneira e fluviais carregadas de P, contendo uma concentração de P afluente que é uma ordem de grandeza inferior à das experiências laboratoriais, através da construção de uma configuração em mesoescala que reflecte alterações frequentes nos RT (Documento **III**).

- Observar a retenção de P de um material promissor em condições de campo, construindo uma instalação de maior escala que recebesse concentrações de P afluente que fossem pelo menos duas ordens de grandeza inferiores às aplicadas no laboratório (Documento **III**).

As hipóteses eram as seguintes:

a) A meteorização dos materiais reduz as quantidades de espécies solúveis (por exemplo, Ca^{2+} e OH^-), diminuindo assim a sua capacidade de reter P através da precipitação de fosfatos de Ca. A medição das quantidades de Ca nos efluentes, bem como as medições de pH e CE, poderiam servir para monitorizar a libertação de espécies solúveis.

b) Os mecanismos de retenção de P controlados por precipitação ou sorção podem ser reconhecidos colocando materiais saturados de P em soluções com pH variável. Os fosfatos de cálcio dissolvem-se com a diminuição do pH, enquanto o aumento do pH liberta o P ligado às superfícies de hidróxido de Fe.

c) Alguns estudos mostraram o efeito da concentração de P no afluente sobre a capacidade de absorção de P de um material; quanto menor for a concentração de P no afluente, menor será a absorção de P do filtro. No presente estudo, o aumento da aplicação do material reativo antecipa este efeito.

d) A construção de uma instalação à mesoescala que permita ajustar o caudal afluente, bem como a adição de água do rio como solução de alimentação, serviria para estimar a afinidade do material reativo para os fosfatos em diferentes RT e na presença de DOC.

e) Na instalação em grande escala, a capacidade de absorção de P do material poderia diminuir devido à presença de matéria orgânica e ao crescimento microbiano no filtro. Outro desafio poderá ser a capacidade de um filtro de grandes dimensões para tratar os caudais de ponta.

Capítulo 3

3. Materiais e métodos

Os materiais potencialmente retentores de P incluíam produtos comerciais como Sachtofer PR® (também referido como Sachtofer), Filtra P® e Filtralite P® (também referido como Filtralite), subprodutos de actividades industriais (escórias de aço, resíduos de drenagem de minas, biotite) e um material de referência (por exemplo, uma amostra de areia do horizonte Bs de um solo florestal). Os documentos **II** e **III** apresentam descrições pormenorizadas da composição química dos materiais e das suas origens. Tendo em conta a sua composição química, a Sachtofer, a escória de aciaria, a Filtra P e a Filtralite possuíam um elevado teor de Ca, enquanto a MDR, a biotite e a areia eram ricas em Fe/Al.

Nas experiências de laboratório foram utilizadas amostras em duplicado, mas devido a limitações de tempo e financeiras, as instalações de meso e grande escala envolveram um único filtro cada. A figura 2 apresenta as caraterísticas das instalações de laboratório, de mesoescala e de grande escala, bem como os métodos e dispositivos de medição utilizados para determinar vários parâmetros.

3.1 Caracterização química dos materiais

Segue-se uma breve descrição dos métodos laboratoriais. Para determinar o teor total dos elementos reactivos (Ca, Mg, Fe e Al), bem como as concentrações de metais pesados, os materiais foram extraídos com uma mistura de ácido nítrico/hidroclórico (HNO_3 /HCl). Além disso, as extracções em água serviram para determinar as quantidades de Ca (Ca_w) e Mg (Mg_w) extraíveis em água. Para determinar as quantidades de hidróxidos de Fe/Al amorfos, os materiais foram extraídos com um tampão de oxalato ácido (**II**). Após as experiências de retenção de P, o H_2SO_4, o peróxido de hidrogénio (H_2O_2) e o ácido fluorídrico (HF) serviram para extrair o teor total de P dos materiais sólidos (**II; III**). Além disso, as partículas de escória fresca e desgastada, bem como o Sachtofer dos testes laboratoriais, foram observadas e analisadas quanto à sua composição química com um microscópio eletrónico.

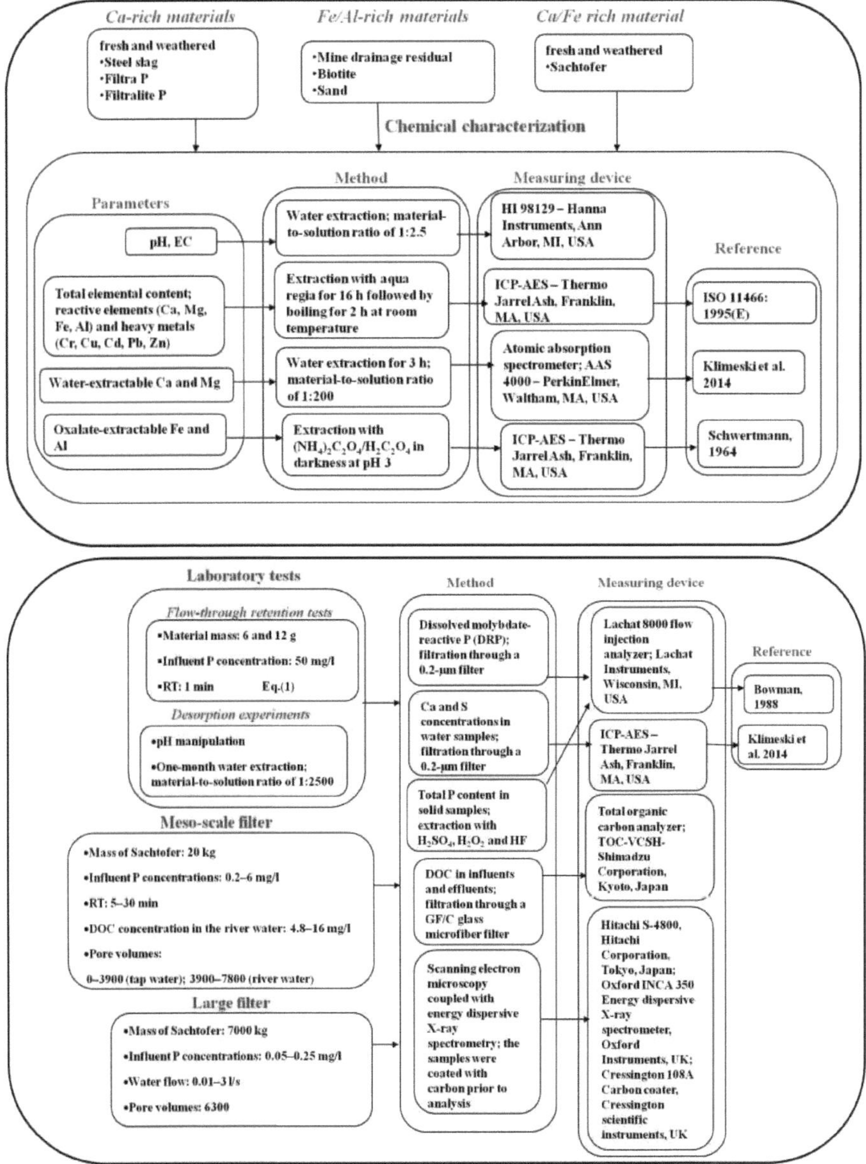

Figura 2. Do laboratório à aplicação em grande escala: Parâmetros como as massas dos materiais que retêm P, concentrações de P no afluente, RTs e várias extracções utilizadas no processo de caraterização dos materiais

3.2 Experiências laboratoriais de retenção/libertação de P com materiais frescos e degradados

Para além dos materiais frescos ricos em Ca, os testes laboratoriais de retenção de P também envolveram os seus homólogos intemperizados. A meteorização serviu para lixiviar espécies solúveis como o Ca^{2+} e o OH^-, os iões que controlam a precipitação de fosfatos de Ca (**II**). Isto facilitaria o reconhecimento do mecanismo de retenção de P, mas também revelaria se as alterações devidas à meteorização influenciam o desempenho dos filtros ricos em Ca. O documento **II** apresenta uma descrição pormenorizada do processo de meteorização.

As massas de material de 6 ou 12 g (quatro ou seis réplicas) foram submetidas aos ensaios laboratoriais de escoamento, que envolveram a utilização de um extrator de vácuo, a fim de obter volumes de leito semelhantes nas colunas (**II**). Cada aplicação de P teve a duração de 30 minutos, de modo a permitir a passagem de 50 ml de solução de P (50 mg/l) através das colunas (ver figura 3). Embora esta concentração relativamente elevada de P seja rara no escoamento agrícola, serviu para estimar a capacidade dos materiais para reter quantidades substanciais de P e para comparar os materiais. Como um dos materiais mais promissores, devido não só à sua retenção relativamente elevada de P mesmo após o processo de meteorização, mas também à sua disponibilidade em grandes quantidades, o Sachtofer serviu ainda como meio reativo em instalações de meso e grande escala (**III**, Figura 2).

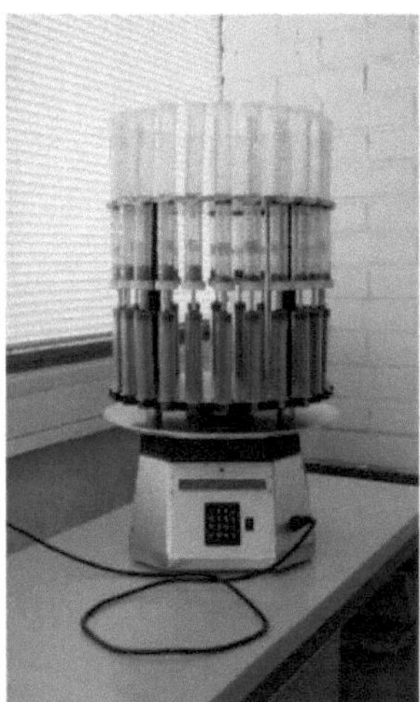
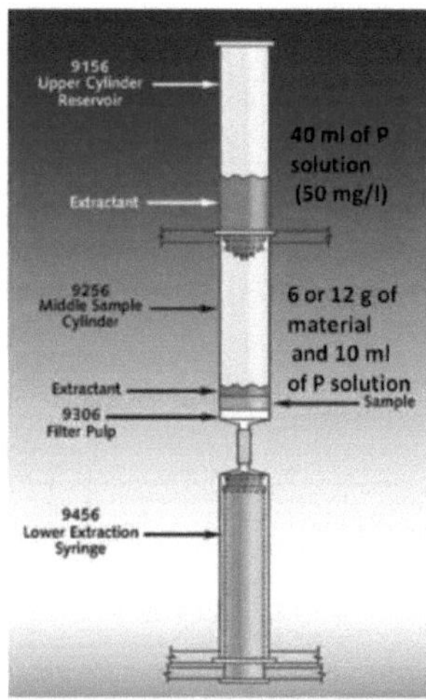

Figura 3. O extrator de vácuo equipado com 24 seringas (à esquerda; foto: Aleksandar Klimeski) e a configuração das seringas mostrando a relação material-solução (à direita; foto modificada do manual SampleTech).

Os testes de dissolução/dessorção serviram para identificar os mecanismos de retenção de P e para estimar a capacidade dos materiais para reter as quantidades de P previamente retidas. Os materiais saturados de fósforo (0,4 g; relação material/solução de 1:100) foram colocados em água desionizada de pH variável, tendo o pH sido ajustado através da adição de ácido (HCl) ou álcali (NaOH). Além disso, os materiais saturados de P (1,5 ou 2 g: relação material/solução de 1:2500 ou 1:3333) foram extraídos com um grande volume de água durante um período de um mês (**II**).

3.3 Filtro de Sachtofer à mesoescala

A instalação à mesoescala consistia numa coluna cilíndrica (0 = 30 cm; H = 40 cm) cheia com 20 kg de Sachtofer (densidade aparente de 1 g/cm³) e dois tanques (V =1 m³) para a recolha de afluentes e efluentes (Figura 4). O Sachtofer foi embalado em duas camadas separadas por uma camada de cascalho fino (até 5 mm). O cascalho foi também colocado no fundo da coluna para facilitar um fluxo uniforme no meio reativo. Esta experiência utilizou concentrações de P no afluente consideravelmente mais baixas (até 6 mg P/l) do que as utilizadas nos ensaios de laboratório. O caudal de água através da coluna foi inicialmente fixado em 20 l/h (RT = 18 min) para assegurar o bom funcionamento do sistema apesar da capacidade limitada dos tanques de armazenagem; posteriormente, o RT foi frequentemente reduzido para 5 min. O desempenho da instalação à mesoescala foi acompanhado em laboratório de outubro de 2011 a agosto de 2012. O Documento **III** fornece pormenores sobre a montagem experimental.

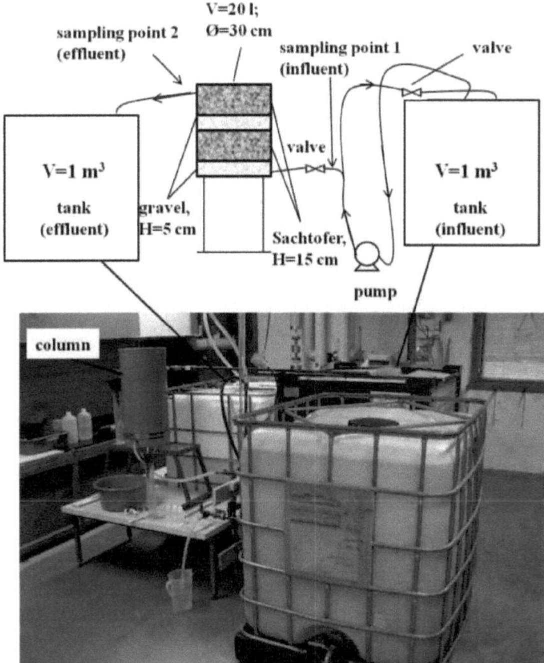

Figura 4. Um esboço e uma fotografia (foto: Aleksandar Klimeski) da instalação à mesoescala (**III**)

Durante a primeira metade do período de ensaio (0-3900 volumes de poros - PV), a água da torneira serviu de solução de alimentação e, posteriormente, até ao final da experiência, a coluna foi alimentada com água do rio. Ambos os tipos de soluções de alimentação foram enriquecidos com P através da adição de uma solução de KH2PO4 e o afluente foi cuidadosamente misturado antes do início de cada lote. Os efluentes foram então descartados durante a introdução dos primeiros 1300 PV. Em seguida, após o esgotamento das espécies solúveis, para economizar água da torneira e evitar a necessidade de um abastecimento constante de água do rio, a instalação passou para o modo de recirculação, de modo que todos os efluentes foram bombeados de volta para o tanque de entrada (**III**).

As amostras de afluentes e efluentes, nos pontos 1 e 2 (Figura 4), foram colhidas manualmente uma ou duas vezes por dia. Alguns parâmetros, como o pH e a CE dos afluentes e efluentes, foram determinados no dia da amostragem, mas depois as amostras foram congeladas e posteriormente analisadas quanto aos seus parâmetros de qualidade da água (P dissolvido, Ca total, S total, DOC; ver Figura 2).

O caudal de água através do filtro de mesoescala foi determinado enchendo um balão volumétrico (V = 500 ml) com um efluente e registando o tempo. Para determinar o PV ativo do filtro de mesoescala, a água de uma coluna completamente saturada foi drenada por gravidade durante três horas e recolhida num recipiente previamente pesado; o PV da gravilha foi previamente determinado. A determinação do PV permitiu calcular o RT no interior da coluna da seguinte forma:

$$RT \ (\text{min}) = PV/QEq \tag{1}$$

PV = volume de poros (l)
Q = caudal de água (l/min)

3.4 Filtro Sachtofer grande

A eficiência de remoção de P do Sachtofer em condições de campo foi investigada numa instalação de grande escala (Figura 5) que recebeu escoamento agrícola de cerca de 17 ha de terras de cultivo (o tipo de solo era franco-argiloso). A massa de Sachtofer era de cerca de sete toneladas, e o sistema foi monitorizado entre agosto de 2010 e dezembro de 2012 (**III**). As medições da qualidade da água na primavera de 2010 mostraram que a concentração de P dissolvido no escoamento superficial era de cerca de 300 iig/l, o que foi considerado suficientemente elevado para a instalação do filtro. O escoamento superficial e a água de drenagem dos terrenos agrícolas entraram num tanque de sedimentação (1000 m^2) plantado com junco comum *(Phragmites australis)*. O caudal do tanque era encaminhado para um reservatório próximo; a regulação da altura de um tubo de policloreto de vinilo (PVC) de 110 mm servia para regular o caudal que entrava no filtro. O local incorporou também um tubo de derivação (0 = 400 mm) para a condução de caudais suplementares; o tubo de derivação canalizou cerca de 80% do caudal anual.

Figura 5. Esboço e fotografia (foto: Aaro Narvanen) do filtro grande (**III**). O comprimento (L) e a altura (H) do filtro eram de 6 m e 0,8 m, respetivamente.

Um açude em V localizado no ponto de saída serviu para medir o caudal através do filtro. Foi colocada uma régua a 30 cm a montante do açude e a altura do lençol freático foi registada principalmente em intervalos que variavam entre um dia e uma semana, dependendo das alterações do caudal afluente. Para o filtro grande, o caudal foi calculado utilizando a fórmula para um entalhe em V de 90°; a calibração confirmou a aplicabilidade da equação.

$$Q = 0{,}0498 \times h^{2.5}$$

Eq. (2)

Q = caudal (m^3/h)
h = altura do lençol freático acima do entalhe em V (cm)

Para medir o RT dentro do filtro, na primavera de 2012 foi injetado um corante azul de metileno no afluente e foi medido o tempo até a cor aparecer no efluente. Para a monitorização da qualidade da água, foram colhidas manualmente amostras dos afluentes e efluentes, duas vezes por semana, até ao verão de 2011, altura em que a estrutura foi equipada com amostradores automáticos que recolhiam amostras da água nos pontos de entrada e saída de duas em duas horas. Estas amostras compostas foram recolhidas no mesmo dia em que se mediu o caudal, em intervalos que variaram maioritariamente entre um dia e uma semana. As amostras obtidas foram congeladas e analisadas posteriormente para P dissolvido e, ocasionalmente, para DOC (Figura 2). No dia da amostragem, foram registados o pH e a CE dos afluentes e efluentes.

3.5 Cálculos e análise de dados

3.5.1 Retenções cumulativas de P e estimativa dos máximos de retenção de P

As quantidades cumulativas de P retido para todos os filtros foram calculadas somando a quantidade de P retido após cada aplicação de P para os filtros de laboratório e de mesoescala, ou após um período de tempo designado para o filtro grande (na maior parte dos casos até uma semana) (**II, III**). Todos os cálculos efectuados no presente estudo relativos às retenções cumulativas de P e às estimativas referem-se às quantidades de P dissolvido ($PO4-P$). As quantidades de P retido foram calculadas da seguinte forma:

$$\text{Pretenção } (mg/g) = Vs \times (C_{in} - C_{out}) / mEq \qquad . (3)$$

V_s = volume do afluente (l)
C_{in} e C_{out} = concentrações de P no afluente e no efluente, respetivamente (mg/l) m = massa inicial do material reativo (g)

Para o filtro de mesoescala, a massa foi corrigida para um teor de água de 30%. A massa do filtro grande foi calculada com base no volume ($\sim 6 \text{ m}^3$) e na densidade aparente de Sachtofer fornecida pelo fabricante ($1,2 \text{ g/cm}^3$) (**III**).

As curvas de retenção cumulativa de P para os materiais utilizados nos ensaios de escoamento em laboratório, bem como para o filtro de meso e grande escala, foram ajustadas a modelos exponenciais (associação de uma ou duas fases) com o GraphPad Prism 4.03 (Motulsky, 2005) (**II, III**). As adaptações serviram igualmente para avaliar os máximos de retenção de P. As equações exponenciais para ajustar as retenções cumulativas de P são apresentadas a seguir:

Associação monofásica: $Y = S_{max} \times (1 - \exp(-k \times X))$ Eq. (4)

Associação em duas fases: $Y = S_{max1} \times (1 - \exp(-k1 \times X) + (S_{max2} \times (1 - \exp(-k_2 \times X))$ Eq. (5)

Y = retenção cumulativa de P, (mg/g)
X = entrada cumulativa de P nas colunas, (mg/g)

S_{max} = estimativas dos máximos de retenção de P, (mg/g)

k, $_{ki}$ e k_2 = constantes que descrevem a cinética de retenção de P, (g/mg)

A associação monofásica tem em conta a ligação no plano próximo da superfície, enquanto a associação bifásica descreve a acumulação de fosfato em dois planos ou diferentes mecanismos de retenção ou afinidades. Os modelos de associação bifásica foram aplicados a materiais (Filtralite e MDR) que apresentavam claramente um segundo máximo de sorção após a curva de sorção ter começado a estabilizar-se inicialmente (**II**).

3.5.2 Correlações entre o teor de P em Sachtofer e a concentração de P no efluente

Para os filtros de meso e grande escala, as correlações entre as razões molares P/Feox e as concentrações de P no efluente incorporam os dados obtidos após a libertação de espécies solúveis de Sachtofer (ou seja, a massa de Fe_{ox} nos filtros permaneceu constante após adições cumulativas de P de 3,4 e 0,07 mg/g, respetivamente) (**III**). A hipótese tem em conta que as quantidades acumuladas de P retido, corrigidas para a perda de massa de 70%, permaneceram nos sistemas devido à sua sorção nas superfícies de hidróxido de Fe. Devido à influência da concentração de P influente nas correlações, os dados para o filtro de mesoescala foram agrupados de acordo com as quantidades de P no influente: 0,003-0,03, 0,030,09 e 0,09-0,19 mmol/l. O filtro de laboratório representa o lote mais envelhecido de Sachtofer (W4) e o gráfico inclui os valores do início do ensaio (**III**).

3.5.3 Complexação cálcio - DOC e cálculo dos índices de saturação dos fosfatos/carbonatos de cálcio

A dissociação ácida do DOC e as suas reacções de complexação com o Ca^{2+} introduzidas por Romkens et al. (1996), foram modificadas e incorporadas no MINEQL+:

$DOC^{2-} + H+ \wedge HDOC^-$	$\log K = 8,5$
$DOC^{2-} + 2H+ \wedge H2DOC$	$\log K = 13$
$Ca^{2+} + DOC^{2-} + H+ \wedge CaHDOC^+$	$\log K = 4,4$
$Ca^{2+} + DOC^{2-} \sim CaDOC$	$\log K = -6$

A modelação da complexação cálcio-DOC e o cálculo dos índices de saturação (SI) envolveram parâmetros de qualidade dos efluentes obtidos no início da experiência em grande escala e após a introdução de água do rio impregnada de P como solução de alimentação na instalação em mesoescala (Informação suplementar no Documento **III**). Para os testes laboratoriais, o cálculo do SI incluiu valores medidos para as concentrações de pH, CE, Ca, P e S num número limitado de efluentes alcalinos e neutros de diferentes colunas (Informação suplementar no Documento **II**). Os sistemas estavam abertos à atmosfera e a pressão parcial de CO_2 foi fixada em $10-3,5$ atm. A equação fornecida por Russell, (1976) serviu para estimar a força iónica (I) das soluções:

$$I \text{ (mol/l)} = 1,6 \times 10\text{-}5 \times ECEq \qquad . (6)$$

CE = condutividade eléctrica (pS/cm)

O programa considerou apenas alguns parâmetros de entrada e não definiu completamente os sistemas, tendo em todos os casos calculado desequilíbrios a favor dos aniões (Informação suplementar no Documento **II, III**). Para compensar os desequilíbrios, foram introduzidas nos modelos quantidades equivalentes de potássio (K). A introdução de K nos modelos foi razoável, uma vez que não afectou os produtos iónicos dos sólidos no MINEQL+, e o $KH_2 PO_4$ também serviu como solução de alimentação nas experiências de retenção de P (Informação suplementar no Documento **II, III**).

3.5.4 Análise estatística

Os softwares GraphPad Prism 4.03 e MS Excel 2007 serviram para calcular as médias dos replicados e os erros padrão das médias para os parâmetros de retenção de P. In addition, the linear regressions and goodness of fit of the correlations Ca_w *vs.* P retention/S_{max} , Fe_{ox} *vs.* P retention/S_{max} , P/Fe_{ox} em Sactofer *vs.* a concentração de P no efluente e Ca total *vs.* S total nos efluentes também foram determinados (**II, III**). O Sigmaplot 12.5 serviu para interpolar os dados e para traçar a dependência PV *vs.* RT *vs.* remoção discreta de P para os filtros de meso e grande escala (**III**).

Capítulo 4

4. Resultados

4.1 Caracterização química dos materiais

O rastreio inicial, que utilizou medições de pH/CE, bem como as extracções com água, tampão oxalato ácido e ácidos fortes, serviu para identificar propriedades importantes dos materiais, tais como as quantidades de elementos reactivos e as alterações nas quantidades relativas de Ca/Fe nos materiais meteorizados. Os materiais podem ser classificados em três grupos, de acordo com as quantidades de elementos reactivos: Materiais ricos em Ca (por exemplo, Filtra P, escória de aço e Filtralite), materiais ricos em Fe (por exemplo, MDR) e um material rico em Ca/Fe (Sachtofer) (II).

A escória de aciaria possuía a maior concentração total de Ca (cerca de 300 mg/g) e uma CE de 7800 pS/cm, enquanto a Sachtofer continha a maior quantidade de Ca_w (73 mg/g) (Tabela 1 no Documento II). Entre os materiais ricos em Fe, o MDR continha a maior quantidade de Fe total (490 mg/g). As quantidades de Fe extraível por oxalato do Sachtofer e do MDR intemperizados representavam 20-55% do teor total de Fe, sugerindo uma presença significativa de hidróxidos de Fe amorfos (II).

Como resultado do processo de meteorização, as quantidades de Ca total e extraível em água nas escórias e no Sachtofer diminuíram devido à dissolução do gesso ($CaSO_4$), do óxido de cálcio (CaO) e/ou do hidróxido de cálcio ($Ca(OH)_2$). Em particular, a quantidade de Ca_w diferiu entre as contrapartes frescas e as mais intemperizadas dos materiais mencionados. Para a Filtralite, a meteorização apenas diminuiu ligeiramente o teor total de Ca, enquanto a Filtra P mostrou um aumento na quantidade de Caw para o material meteorizado. Esta constatação pode dever-se à desintegração das partículas com o tempo, provocando assim a revelação e a solubilização de novos compostos contendo Ca (II).

A lixiviação de metais pesados dos filtros P pode representar um grave fardo para o biota aquático. As concentrações de metais pesados em materiais frescos e desgastados foram comparadas com os valores máximos permitidos em alterações do solo, devido à falta de diretrizes para os filtros P na Finlândia e noutros países da UE (Informação suplementar no Documento II). Todos os valores, exceto os do Cr em Sachtofer e na escória, estavam abaixo das diretrizes. No entanto, a legislação finlandesa considera um limite para a forma tóxica solúvel em água do Cr(VI) (inferior a 2 mg/kg) e o aumento da concentração relativa do Cr total nos materiais envelhecidos sugere que não ocorreu lixiviação (II).

4.2 Experiências laboratoriais de retenção e libertação de P
4.2.1 Retenção de fósforo por materiais ricos em Ca

Inicialmente, duas caraterísticas caracterizaram os efluentes das colunas com Filtra P fresco, escória e Filtralite: pH alcalino e presença significativa de Ca (II). No entanto, os seus valores correspondentes apresentavam algumas diferenças. Por exemplo, o pH inicial e as concentrações de Ca nos efluentes para estes materiais situam-se nos intervalos 10,**5-13** e **17-**

600 mg/l, respetivamente. No decurso dos ensaios com as escórias e o Filtra P, a formação de precipitados brancos prejudicou o fluxo de água no interior das colunas. Para restabelecer o fluxo, foram substituídos os filtros de 0,2 pm sob as colunas e os materiais foram lavados com água (**II**). No final dos ensaios, o pH dos efluentes situou-se na gama neutra, enquanto as concentrações de Ca se mantiveram abaixo de 10 mg/l (Figura 3 no documento **II**). No entanto, no caso dos materiais envelhecidos, o pH e as concentrações de Ca nos efluentes foram mais baixos do que nos correspondentes materiais frescos.

Inicialmente, a remoção discreta de P foi a mais elevada para Filtra P e para a escória; ambos os materiais removeram praticamente todo o P no afluente. No entanto, no início da experiência, a Filtralite removeu apenas 50% dos fosfatos. Foi registada uma diminuição mais rápida na remoção discreta de P para as escórias e a Filtralite, enquanto a da Filtra P se manteve a um nível mais elevado durante o curso da experiência. Esta caraterística estava intimamente relacionada com o fornecimento constante de iões Ca^{2+} e OH- a partir deste último material (**II**).

As quantidades cumulativas de P retidas pelos materiais frescos ricos em Ca diferiram significativamente, variando entre 1,1 e 24 mg P/g para Filtralite e Filtra P, respetivamente (Tabela 1). Para a escória e a Filtralite, as retenções cumulativas de P corresponderam de perto aos valores S_{max} estimados, uma vez que estes materiais atingiram uma saturação quase completa. No entanto, as quantidades de P extraídas da escória saturada de P e da Filtralite foram significativamente inferiores às retidas cumulativamente. Esta discrepância pode dever-se à remoção dos precipitados brancos das colunas com escórias e Filtra P no decurso das experiências (**II**).

Tabela 1. Número de aplicações de P, retenções médias cumulativas e estimadas de P, bem como outros parâmetros selecionados para os materiais frescos (W0) e degradados (W1-W4). Os números entre parênteses representam os erros-padrão das médias (SEM) **(II)**.

		Pª PP.	Adicionado P	Cum ret.	Extr. P	Я ^max	Ret. const. k	Ret. da entrada total de P	P retent., última aplicação.
		-		--------------------mg/g--------------------		-	g/mg P	%	%
Filtra P	W0	159	33.1	24.6 (0.39)	3.9 (0.28)	53.2 (0.8)	0.019 (0.0004)	74.2 (1.19)	40 (2.35)
	W1	74	15.4	4.9 (0.12)	2.9 (0.1)	69 (33.24)	0.005 (0.003)	32.4 (0.79)	24.4 (1.17)
	W2	121	25.2	11.7 (1.32)	4.6 (0.16)	NA	NA	46.6 (5.23)	43.8 (5.56)
Escória	W0	134	27.9	16.2 (1.41)	9.6 (0.24)	19.8 (0.43)	0.06 (0.002)	57.9 (5.05)	10 (2.97)
	W1	74	15.4	6.5 (0.39)	5.6 (2)	9.9 (0.41)	0.07 (0.005)	42.2 (2.56)	16 (2.04)
	W2	74	15.4	4.9 (0.33)	3.8 (0.23)	6.1 (0.18)	0.12 (0.007)	32 (2.1)	8.5 (0.46)
Filtralite	W0	44	18.3	1.1 (0.07)	1.6 (0.04)	1.1 (0.03)	0.18 (0.014)	6.3 (0.8)	1.4 (0.24)
	W1	44	18.3	1.4 (0.17)	1.9 (0.12)	1.6 (0.1)	0.1 (0.012)	7.6 (0.96)	3.4 (1)
	W2	44	18.3	1.3 (0.05)	1.9 (0.05)	1.6 (0.04)	0.09 (0.004)	7.1 (0.28)	3.5 (0.5)
Sachtofer	W0	40	16.5	6.8 (0.16)	7.1 (0.12)	9.9 (0.2)	0.07 (0.002)	41.3 (0.95)	25 (2.94)
	W1	92	38.3	19 (0.33)	34.6 (0.04)	55.2 (2.2)	0.01 (0.0005)	49.7 (0.86)	38.5 (0.43)
	W2	92	38.3	20.7 (0.19)	31.5 (0.02)	53.9 (1.04)	0.01 (0.0003)	54 (0.51)	30.9 (0.31)
	W3	92	38.3	19.4 (0.47)	20.6 (0.09)	31 (0.57)	0.03 (0.0007)	50.6 (1.24)	24.3 (1.19)
	W4	92	38.3	15.2 (0.12)	11.1 (0.02)	20.8 (0.13)	0.03 (0.0003)	39.6 (0.32)	21.7 (0.11)
MDR	W0	90	37.4	12.4 (0.28)	14 (0.02)	18.6 (0.7)	0.03 (0.002)	33.2 (1.95)	6.9 (0.37)
Areia	W0	13	2.7	1.3 (0.005)	2.8 (0.05)	1.39 (0.03)	0.82 (0.03)	48.8 (0.18)	11.2 (0.29)
Biotite	W0	8	1.7	0.013 (0.004)	0.9 (0.19)	0.016 (0.003)	2.2 (1.06)	0.8 (0.26)	0

ª NA = não aplicável

A Figura 6 apresenta imagens da superfície da escória de aço obtidas com um microscópio eletrónico, bem como a composição elementar nessa área. As estruturas relativamente bem definidas na escória fresca transformaram-se em estruturas tipo "floco", muito provavelmente como resultado da precipitação de fosfatos/carbonatos de Ca. A Figura 6b apresenta a acumulação de P na escória saturada.

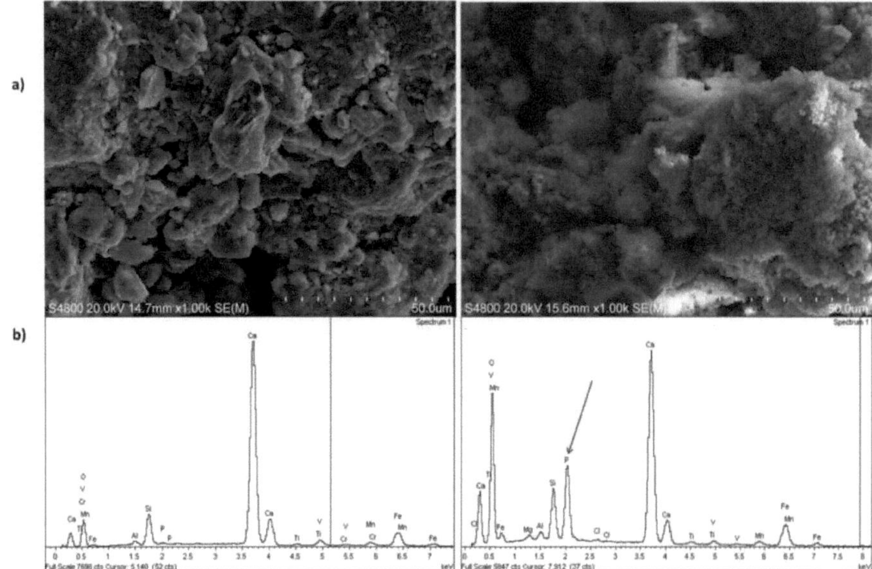

Figura 6. a) Existência de estruturas definidas na superfície da escória fresca (esquerda) e formação de arranjos "em flocos" na superfície da sua contraparte saturada (direita)
b) Composição elementar das superfícies das escórias frescas (esquerda) e saturadas de P (direita) (fotos e espectrogramas: Marianna Kemell)

4.2.2 Retenção de fósforo por materiais ricos em Fe

À semelhança dos materiais ricos em Ca, o MDR e o Sachtofer envelhecido (W4) retêm eficazmente os fosfatos (Quadro 1). Estes materiais também forneceram certos iões às soluções: foram registadas concentrações mais elevadas de Ca, S e Fe (30 mg/l, 260 mg/l e 60 mg/l, respetivamente) para o MDR, enquanto que o Sachtofer intemperizado forneceu um fornecimento moderado de iões Ca^{2+} e SO_4^{2-}. Os efluentes da MDR eram ácidos, e os da Sachtofer intemperizada, ligeiramente alcalinos (**II**).

Inicialmente, a remoção discreta de P pelo MDR e pelo Sachtofer (W4) era semelhante (entre 75% e 80%). No entanto, no decurso do ensaio, a eficiência diminuiu gradualmente e, por fim, desceu abaixo dos 22% (Quadro 1). Nenhum dos materiais atingiu a saturação completa no final das experiências. Consequentemente, os valores estimados de S_{max} foram mais elevados do que as retenções cumulativas de P medidas (**II**).

O MDR e o Sachtofer intemperizado retiveram quantidades significativas de P (12,4 e 15 mg/g, respetivamente). No entanto, a quantidade de P extraída do MDR e do Sachtofer envelhecido, após os ensaios de saturação de P, correspondeu de perto às retenções cumulativas de P (ver Quadro 1). Em relação às quantidades totais de Fe nos materiais, os rácios molares P/Fe no final das experiências eram de 0,05 e 0,16 para o MDR e o Sachtofer (W4), respetivamente (**II**).

4.2.3 Experiências de dissolução/dessorção com materiais ricos em Ca- e Fe-

Foram observadas diferentes propriedades de libertação dos materiais saturados de P durante as experiências de manipulação do pH (Figura 5 no Documento **II**). A libertação de P dos materiais ricos em Fe atingiu o máximo em soluções alcalinas, enquanto que o oposto ocorreu para os materiais ricos em Ca. No entanto, para o Sachtofer fresco e o Sachtofer intemperizado, a libertação contrastante de P implica a possível existência de dois mecanismos distintos de retenção de P: controlado por precipitação para o material fresco e controlado por sorção para o material intemperizado. Na gama de pH 5-6, a Filtralite libertou a maior quantidade relativa de P (30%), enquanto a Filtra P libertou apenas 1,7% do P retido.

Durante as extracções prolongadas de água no laboratório, os materiais libertaram quantidades variáveis de P (entre 0,1 e 1,6 mg/g) (Tabela 3 no Documento **II**). A libertação de P dos materiais ricos em Ca variou entre 2,7% e 35% do P total retido, ao passo que os valores respectivos para o Sachtofer e o MDR intemperizados foram de cerca de 5% e 11%, respetivamente (ver Quadro 3 no Documento **II**).

4.3 Aplicação à escala real de Sachtofer

4.3.1 Libertação de espécies solúveis dos filtros de Sachtofer à escala laboratorial e à mesoescala

Como já foi referido, o Sachtofer contém compostos facilmente solúveis que aumentam substancialmente a força iónica da água dos poros (**II**). Para além das variações nos RT e nos parâmetros de qualidade dos afluentes, todos os filtros aumentaram inicialmente a CE até 2000 gS/cm e, finalmente, abaixo de 500 gS/cm (Figura 2 no Documento **III**). Isto implica que o gesso e o $Ca(OH)_2$ se dissolveram com relativa rapidez. A figura 7 apresenta a correlação entre as quantidades de Ca e S nos efluentes e os correspondentes valores de CE obtidos em laboratório e à mesoescala.

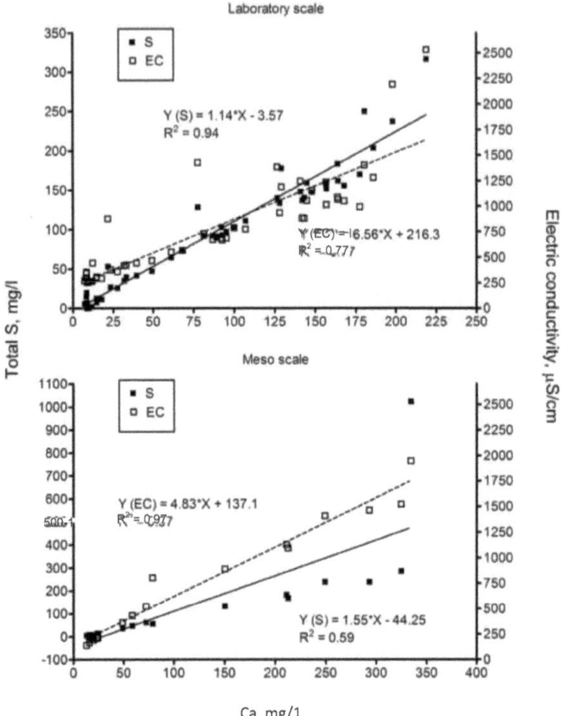

Figura 7. Concentrações de Ca e S em relação à CE dos efluentes nas instalações de laboratório e de mesoescala (**III**)

Nas instalações de laboratório e de mesoescala, o rácio S/Ca em massa dos efluentes pode verificar a eliminação de Ca da água dos poros (**III**). A razão de massa S/Ca mais elevada para o filtro de mesoescala deve-se muito provavelmente a uma precipitação mais eficaz dos fosfatos de Ca, uma vez que o tempo de repouso nesta instalação (18 min) foi superior ao do laboratório (1 min). No entanto, a concentração de Ca correlacionou-se linearmente com a CE. A dissolução do CaSO4 provoca a desintegração dos grânulos de Sachtofer e a perda deste ligante no interior do material faz com que este se torne poroso, desenvolvendo uma estrutura altamente quebradiça (ver Figura 8a). Para além disso, a quantidade relativa de Fe no Sachtofer desgastado aumenta (Tabela 1 no Documento **II**). A Figura 8b mostra a acumulação de P e o aumento da quantidade relativa de Fe no Sachtofer saturado de P.

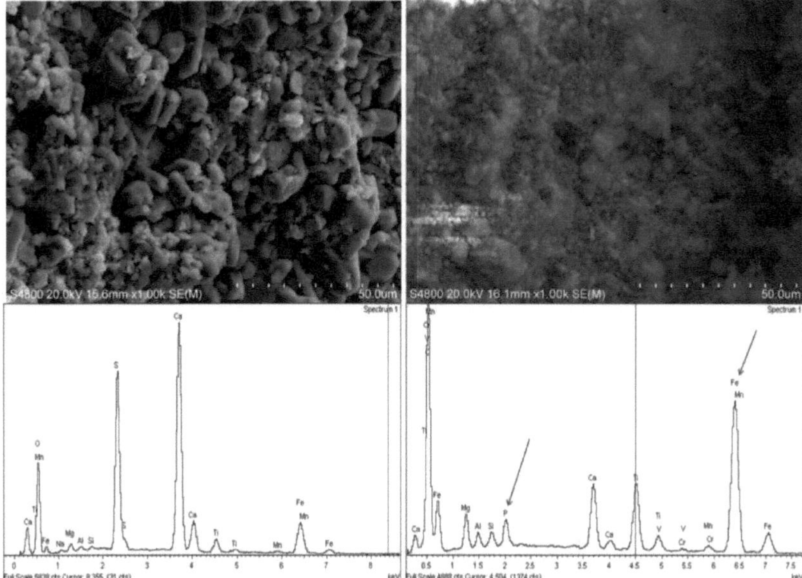

Figura 8. a) Uma estrutura ordenada no Sachtofer fresco (cristais de CaSO₄) e compostos amorfos, muito provavelmente hidróxidos de Fe) (esquerda) e a formação de uma estrutura irregular e altamente quebradiça no Sachtofer saturado (direita)
b) Composição elementar das superfícies de Sachtofer frescas (esquerda) e saturadas de P (direita) (fotos e espectrogramas: Marianna Kemell)

4.3.2 Adições e retenções cumulativas de P pelos filtros Sachtofer

A eficiência dos filtros Sachtofer foi apreendida em diferentes pontos de saturação de P. Nesses pontos, as quantidades de P adicionadas às colunas variaram entre 38 mg/g e 0,22 mg/g para o filtro de laboratório e o filtro grande, respetivamente. Na instalação em mesoescala, antes da introdução da água do rio como solução de alimentação, 4,2 mg de P/g tinham sido carregados no sistema, o que resultou numa retenção de 65% (Figura 10, **III**).

No outono de 2010, o filtro grande recebeu cerca de 70 g de P dissolvido, mais 670 g em 2011 e mais 860 g em 2012 (**III**). A entrada de P dependeu das variações sazonais do fluxo de água, tendo a maior parte do P chegado ao filtro grande na primavera, devido ao rápido degelo, e no outono, devido ao aumento das chuvas. Em abril de 2011 e no período de setembro até ao final de 2011, por exemplo, registou-se o maior transporte de P, representando cerca de 95% do fornecimento total de P nesse ano. À semelhança deste facto, em 2012, as condições de caudal elevado na primavera e no outono contribuíram para o transporte da maior massa de P (cerca de 85%) (Figura 9).

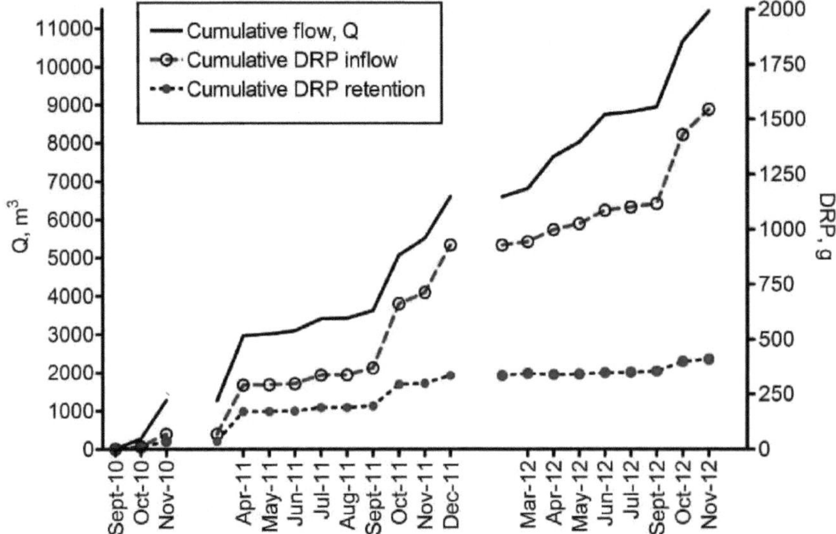

Figura 9. Quantidades cumulativas de P adicionado e P retido pelo filtro grande e volume cumulativo de água que o atravessou (III)

As retenções cumulativas de P captadas pelos filtros diferiam significativamente à medida que a escala de aplicação aumentava: 19 mg/g para o filtro de laboratório, 3,2 mg/g para o filtro de mesoescala e 0,06 mg/g para o filtro grande (ver figura 10). Isto representa um declínio de quase três ordens de grandeza. Ao mesmo tempo, ocorreu uma redução semelhante na concentração de P afluente. O filtro de laboratório reteve eficientemente os fosfatos até ao fim do ensaio sem apresentar qualquer saturação aparente, ao passo que as curvas de retenção de P para os filtros de mesoescala e de grande dimensão começaram a estabilizar. Além disso, a eficiência do filtro de mesoescala diminuiu após a introdução da água do rio. Os valores estimados de Smax para os filtros de laboratório e de mesoescala foram superiores à retenção cumulativa porque não atingiram a saturação completa.

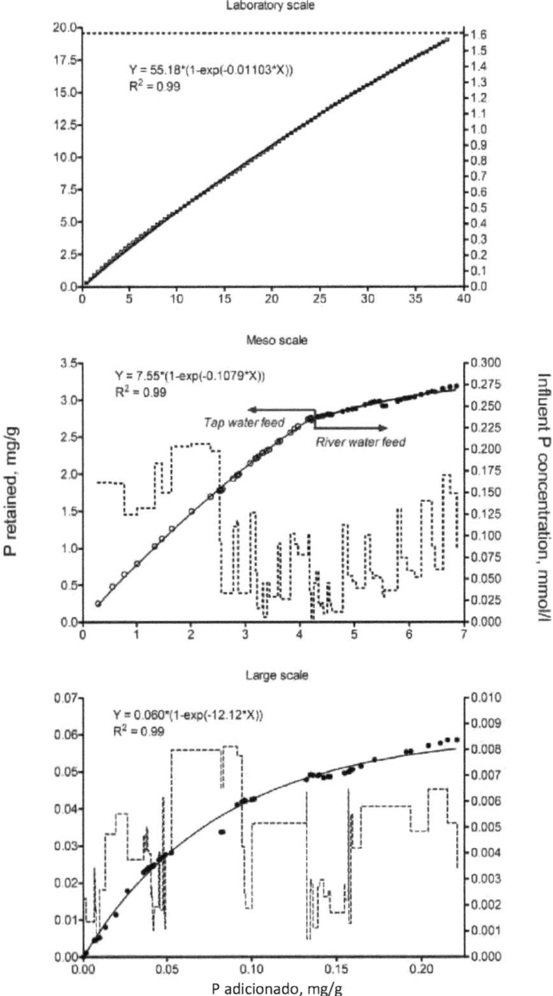

Figura 10. Retenções cumulativas de P pelos filtros de laboratório, de mesoescala e de grande escala em relação às quantidades adicionadas de P. Tanto as adições como as retenções estão relacionadas com a massa inicial de Sachtofer. As linhas pontilhadas representam as concentrações de P afluente (III).

Inicialmente, em todas as configurações, o Sachtofer efectuou remoções discretas de P consideráveis (6087%), provavelmente devido à precipitação de fosfatos de Ca. Apesar de os parâmetros do sistema diferirem muito nas diferentes escalas, o Sachtofer continuou a ter um bom desempenho e reteve entre 28% e 50% da entrada total de P (III). No caso do filtro grande, a redução da massa de P dissolvido em 2010 foi de 53%; posteriormente, em 2011 e 2012, a eficiência diminuiu para 35% e 16%, respetivamente. Assim, a eficiência de redução diminuiu para metade em cada ano.

As quantidades totais de P extraído do Sachtofer saturado de P foram superiores às retenções cumulativas de P: 34 mg/g para o filtro de laboratório, 12 mg/g para o filtro de mesoescala e 0,2 mg/g para os filtros de grande escala. Esta constatação resulta da perda de massa (cerca de 70%) que o Sachofer registou durante os ensaios de retenção, retendo a maior parte da massa de P introduzida nos sistemas. O valor acima referido para o filtro de mesoescala representa uma média das quantidades extraídas das diferentes camadas. Na entrada, o teor de P no filtro era de 15,5 mg/g, ao passo que na saída o respetivo valor era de 8 mg/g. Este facto sugere que o filtro de mesoescala não atingiu a saturação total.

4.3.3 Correlações entre os caudais de água/RT e a remoção discreta de P em instalações de meso e grande escala

A Figura 11 mostra a dependência PV *vs.* RT *vs.* remoção discreta de P para os filtros Sachtofer de meso e grande escala. Os gráficos 11a e 11b incorporam os valores obtidos quando as concentrações de P afluente na instalação em mesoescala permaneceram na gama mais elevada e na gama mais baixa, respetivamente. Estas últimas concentrações de P afluente são mais próximas das da instalação em grande escala (figura 11c). Os planos da grelha que representam os valores interpolados para a remoção discreta de P incorporam relativamente bem os resultados experimentais. Por outro lado, a interpolação foi deficiente para o filtro de grandes dimensões (plano de grelha não mostrado). Como o filtro de mesoescala recebeu as concentrações de P mais elevadas testadas (0,09-0,19 mmol/l), a remoção discreta de P diminuiu gradualmente; muito provavelmente devido ao fornecimento reduzido de Ca^{2+} e OH^- de Sachtofer, enquanto o RT permaneceu maioritariamente a 18 min. No entanto, o RT e a remoção discreta de P não mostraram uma correlação clara, uma vez que a concentração de P afluente permaneceu abaixo de 0,09 mmol/l. Como o teor de P no filtro de mesoescala aumentou com o tempo, a dessorção frequente ocorreu em concentrações de P influente inferiores a 0,03 mmol/l (Figura 11).

A Figura 11 mostra que os RTs e a correspondente remoção discreta de P do filtro grande não apresentaram correlação significativa. Durante o período de 2,5 anos, o caudal através do filtro grande oscilou entre 0,01 e 3 l/s, tendo os picos de caudal ocorrido em outubro de 2010 e abril de 2011 (entre 2 e 3 l/s) devido à precipitação e ao degelo da primavera, respetivamente. Nestes caudais de pico, contudo, a remoção discreta de P pelo filtro excedeu 50%. Mais tarde, em 2011 e 2012, o caudal não excedeu 0,8 l/s, e as remoções discretas de P diminuíram gradualmente para menos de 10%. Os RTs não foram medidos diretamente, mas o intervalo dos RTs pode ser calculado tendo em conta o volume do filtro (6 m³) e a sua porosidade (30%). O caudal de água na instalação de campo oscilou entre 0,01 e 3 l/s, o que permitiu obter RTs de 50 h e 10 min, respetivamente (**III**). Teoricamente, isto sugere que o filtro grande manteve um tempo de contacto suficiente com os afluentes, mesmo em condições de caudal elevado. No entanto, na primavera de 2012, foram registados fluxos preferenciais na superfície do filtro no espaço de um minuto, marcados com corante azul. Isto sugere que os TR no filtro grande se mantiveram muito abaixo dos calculados teoricamente, talvez porque apenas uma pequena parte do filtro estava ativa na última fase do ensaio.

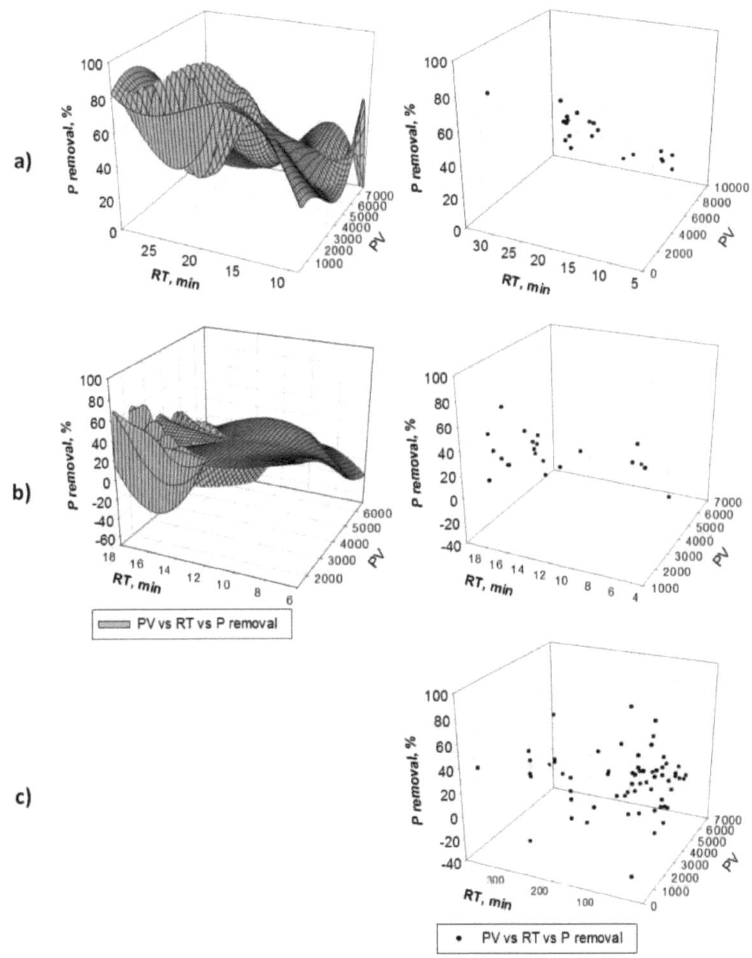

Figura 11. Remoção discreta de P pelos filtros Sachtofer de meso (gráfico superior, concentrações de P no afluente entre 0,09 e 0,19 mmol/l; gráfico médio, concentrações de P no afluente entre 0,003 e 0,03) e de grande escala (gráfico inferior, concentrações de P no afluente inferiores a 0,008 mmol/l) em relação aos RT e PV. Os planos da grelha representam os valores interpolados, enquanto os marcadores pretos indicam os resultados experimentais. Os RT do filtro grande representam os valores calculados; não foram efectuadas medições diretas (III).

4.3.4 Correlações entre o teor de P nos filtros Sachtofer e as concentrações de P no efluente

Esta secção explora as correlações entre o teor de P nos filtros Sachtofer e as concentrações de P no efluente, com uma grande variação nos RT, que oscilam entre 1 minuto no laboratório e, muito provavelmente, mais de 24 horas em condições de fluxo de base no filtro de grande escala (III). Como o Sachtofer atingiu uma maior saturação de P nos testes laboratoriais (II), a razão molar P/Fe_{ox} no material atingiu 0,35, enquanto o filtro de grande escala produziu o valor mais baixo (0,01) (Figura 12).

Tendo em conta os filtros pequenos (6 g) e os filtros de mesoescala, foram calculadas saturações finais de P comparáveis, embora a concentração de P no efluente fosse uma ordem de grandeza mais elevada no laboratório devido à aplicação da concentração significativa de P influente e a um RT relativamente curto. O declive da correlação linear entre o rácio molar P/Fe_{ox} e a concentração de P no efluente aumenta de 0,3 para 0,55 à medida que aumentam as concentrações de P afluente nos filtros de mesoescala (Figura 12).

A saturação final dos hidróxidos de Fe no filtro grande no final do ensaio, com a razão molar P/Fe_{ox} inferior a 0,01, foi negligenciável (**III**). Neste caso, a correlação linear explicava mal a relação entre P/Fe_{ox} e a concentração de P nos efluentes, muito provavelmente devido ao contacto inadequado entre o filtro e os afluentes (fluxos preferenciais) e a variações na concentração de P afluente.

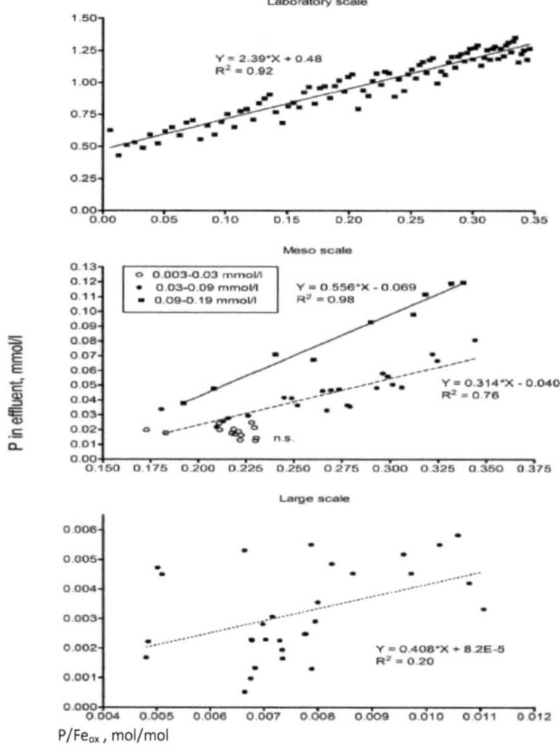

Figura 12. Concentrações de fósforo nos efluentes dos filtros de laboratório, de mesoescala e de grande escala em função das relações molares P/Fe_{ox} em Sachtofer. Para a instalação em mesoescala, os valores são agrupados de acordo com a concentração de P afluente (0,003-0,03, 0,03-0,09 e 0,09-0,19 mmol/l) (**III**).

Capítulo 5

5. Discussão

5.1 Retenção de fósforo pelos materiais ricos em Ca nos ensaios de escoamento em laboratório

No presente estudo, as escórias, a Filtra P e a Filtralite retiveram eficientemente o P enquanto forneceram quantidades significativas de iões Ca^{2+} e OH^- às soluções, sugerindo a formação de fosfatos de Ca nas colunas (ver Figura 3 no Documento **II**). Um comportamento adicional em apoio a este mecanismo foi a libertação de mais P dos materiais saturados de P em soluções com um pH ácido. Além disso, os índices de saturação positivos para hidroxiapatite, aragonite e calcite na gama de pH 10,4-11,6 indicam potencialmente a precipitação de fosfatos/carbonatos de Ca nas colunas com escória, Filtra P e Filtralite (**II**). Num trabalho de revisão que investigou uma vasta gama de materiais de retenção de P, Cucarella e Renman (2009) observaram uma correlação positiva entre o teor de Ca e a capacidade de retenção de P.

Stoner et al. (2012) afirmaram que quantidades significativas de Ca_w , juntamente com a capacidade de tamponar o pH da solução acima de 6,5, podem servir como indicadores da capacidade de retenção de P de um material. No entanto, a correlação entre o Caw e as retenções cumulativas de P no presente estudo foi insignificante (ver Figura 6 no Documento **II**). A extração de água durante 3 horas apenas previu parcialmente a libertação de P do Filtra P, porque o material forneceu espécies solúveis adicionais à solução nas fases posteriores dos testes de retenção, em resultado da desintegração das partículas. Jourak et al. (2011) também realizaram experiências de escoamento com Filtra P e obtiveram uma retenção de P que foi um terço da retenção de P encontrada no presente estudo; esta discrepância resultou provavelmente da utilização de partículas mais grosseiras.

Em experiências de laboratório, Kostura et al. (2005) e Sakadevan e Bavor, (1998) calcularam retenções de P semelhantes e até mais elevadas do que as do presente estudo para diferentes tipos de escórias (por exemplo, amorfas, cristalinas e de alto-forno). As escórias de aço conseguem uma retenção inicial significativa de P resultante da dissolução de uma matriz solúvel de alumino-silicato que envolve o CaO, permitindo assim um fornecimento abundante de iões Ca^{2+} e OH^- para entrar nas soluções (Ziemkiewicz, 1998).

Os resultados do presente estudo indicam que as retenções cumulativas de P pela escória envelhecida e pelo Filtra P representaram cerca de 20-30% das dos seus homólogos frescos. Esta diferença sublinha uma desvantagem deste tipo de filtros: a sua eficiência diminui após o esgotamento do fornecimento de iões solúveis, como acontece após períodos de caudal elevado ou utilização prolongada do mesmo material (por exemplo, em filtros envelhecidos). Devido a esta propriedade, o material pode servir, por exemplo, para tratar águas de baixo caudal que contenham elevadas concentrações de P. Isto asseguraria um esgotamento mais lento das espécies solúveis da escória, mantendo um pH alcalino no interior da barreira, prolongando assim a sua vida útil.

Em ensaios de escoamento com Filtralite, Adam et al. (2007) obtiveram uma retenção de P de 0,5 mg/g, aplicando uma concentração de P afluente de 5 mg/l. Esta concentração era um décimo da concentração aplicada no presente estudo, o que pode explicar a diferença nas retenções de P. As retenções de P pela Filtralite fresca e pela Filtralite intemperizada foram quase idênticas, o que sugere a presença de um mecanismo de retenção de P adicional. De forma semelhante, em extracções com Filtralite saturada de P, Adam et al. (2006) observaram que uma parte considerável da massa de P associada ao Al.

A formação de fosfatos/carbonatos de Ca nos filtros ricos em Ca pode criar problemas relacionados com a condutividade hidráulica, pelo que a distribuição granulométrica do meio reativo deve respeitar determinadas diretrizes. De acordo com as diretrizes propostas pela EPA dinamarquesa (1999), por exemplo, as dimensões das partículas de 10% (d_{10}) e 60% (d_{60}) do meio reativo devem permanecer nas gamas de 0,3-2 mm e 0,5-8 mm, enquanto a relação do diâmetro das partículas d/d_{6010} deve ser inferior a quatro, a fim de minimizar o risco potencial de entupimento dos filtros. Em experiências de campo com escória de aço, Penn et al. (2012) peneiraram escória de forno de arco elétrico a 6-10 mm e, durante o período de cinco meses seguinte, não relataram problemas em relação à condutividade hidráulica do filtro.

No presente estudo, a aplicação de uma concentração elevada de P no afluente aumentou significativamente as retenções de P dos materiais ricos em Ca devido ao aumento dos produtos iónicos dos fosfatos de Ca, resultando no aprisionamento de maiores massas de P. Assim, muito provavelmente, os testes laboratoriais sobrestimam muito as potenciais retenções de P de todos os materiais se aplicados em condições de campo; os escoamentos agrícolas raramente contêm dezenas de miligramas de P por litro. Além disso, em condições de campo, a ligação entre DOC e Ca^{2+} pode suprimir a taxa de precipitação de fosfatos de Ca (Song et al. 2006).

5.2 Retenção de fósforo pelos materiais ricos em Fe nos ensaios de escoamento em laboratório

O MDR e o Sachtofer (W4) continham quantidades significativas de Fe_{ox} e, durante os testes de retenção de P, produziram efluentes ácidos e neutros, respetivamente. Estas propriedades, apoiadas pelos resultados dos testes de manipulação do pH - nomeadamente, a maior libertação de P com o aumento do pH - implicam a presença de retenção de P controlada por sorção (**II**).

Outros estudos registaram retenções semelhantes às do MDR e do Sachtofer. Chardon et al. (2012), por exemplo, registaram a retenção relativamente elevada de P de 16 mg/g de um resíduo rico em Fe, apesar de uma concentração de 4 mg/l de P dissolvido na solução de alimentação. De acordo com Stoner et al. (2012), a retenção de P por um material pode eventualmente depender da quantidade de Fe_{ox}. No entanto, a correlação entre as quantidades de Fe_{ox} e as retenções de P dos materiais no presente estudo foi fraca (ver Figura 6 no Documento **II**). Esta constatação implica que os resultados obtidos a partir de uma única extração não podem explicar os potenciais de sorção de P dos materiais ricos em Fe. Uma explicação para este facto poderia ser, por exemplo, o facto de a trituração dos materiais antes da extração de oxalato ter provocado o aparecimento de mais sítios reactivos do que durante os ensaios de retenção de P.

As retenções de P relativamente elevadas do MDR e do Sachtofer intemperizado obtidas em laboratório são dificilmente alcançáveis em instalações de grande escala concebidas para tratar águas com concentrações de P mais baixas. Concentrações elevadas de P, como no presente estudo, aumentam a força iónica da solução, aproximando assim os iões de fosfato das superfícies de hidróxido de Fe e promovendo a sorção de P (Antelo et al. 2005). Para além do efeito da concentração de P afluente, a presença de DOC, sólidos suspensos e crescimento de algas pode também comprometer a retenção de P em condições de campo (Penn e McGrath, 2011; Dobbie et al. 2009; Saaremae et al. 2014).

5.3 Dissolução/dessorção de P dos materiais ricos em Ca- e Fe

No presente estudo, durante a extração prolongada com água, os materiais ricos em Ca não libertaram quantidades consideráveis de P, muito provavelmente porque esta extração excluiu os precipitados brancos que se formaram durante os ensaios de retenção de P. Em geral, a libertação de P de materiais ricos em Ca saturados de P ocorre devido à dissolução de fosfatos de Ca previamente formados, devido à diminuição das concentrações de equilíbrio de Ca^{2+}, PO_4^{3-} ou OH^-. Em ensaios de lote com águas da região de Everglades na Florida, EUA, Diaz et al. (1994) observaram a dissolução de 50% a 90% de fosfatos de Ca frescos previamente formados. Os precipitados de Ca-P fresco são termodinamicamente instáveis e só se convertem em hidroxiapatite ao longo do tempo; a solubilidade da hidroxiapatite a pH 7, por exemplo, é cerca de uma ordem de grandeza inferior à do fosfato dicálcico (Valsami-Jones, 2004). No entanto, a libertação de P pode ser comum em filtros ricos em Ca, uma vez que a libertação de espécies solúveis do material diminui ou a água dos poros é diluída em condições de fluxo elevado.

As libertações relativas de P dos materiais ricos em Fe foram consideravelmente inferiores às dos materiais ricos em Ca quando a água ambiente possuía um pH neutro (**II**). Neste ambiente, o P liga-se fortemente às superfícies de hidróxido de Fe e a reação é parcialmente reversível se o grupo fosfato estiver associado como um complexo de superfície monodentado (substituindo um único grupo hidroxilo nas superfícies de hidróxido de Fe). A uma baixa saturação de P de um material, podem formar-se complexos bidentados (a partir da substituição de dois grupos hidroxilo), que libertariam quantidades muito limitadas de P. Uusitalo et al. (2012a) colocaram o Sachtofer saturado de P num ambiente redutor que facilitou a conversão de Fe^{3+} em Fe^{2+}, seguida da libertação de P, mas, por alguma razão, os autores não observaram qualquer libertação adicional significativa de P.

5.4 Aplicação à escala real de Sachtofer

5.4.1 Libertação de espécies solúveis dos filtros a diferentes escalas

O fornecimento de Ca^{2+}, SO_4^{2-} e OH- dos filtros Sachtofer suporta os dois principais mecanismos de retenção de P: a precipitação de fosfatos de Ca e a sorção de P nas superfícies de hidróxido de Fe. Em ensaios em lote com um material quimicamente semelhante (gesso rico em Fe), Bastin et al. (1999) também reconheceram a existência de dois mecanismos distintos de retenção de P. Para o primeiro mecanismo, o fornecimento de Ca^{2+} e OH^- aumenta o produto iónico para os fosfatos de Ca, o que permite uma precipitação eficiente. A correlação entre Ca e S nos efluentes (ver Figura 7) verifica a remoção de Ca; o rácio é superior ao previsto de acordo com a reação de dissolução. Ao mesmo tempo, um aumento da força iónica da água dos poros também estimula o mecanismo controlado pela sorção, uma vez que os iões Ca^{2+} neutralizam a carga negativa e também comprimem a dupla camada eléctrica em torno das superfícies de hidróxido de Fe (Antelo et al. 2005), o que também aumentaria a sorção de P.

As concentrações de Ca e S não foram medidas no campo, mas de acordo com os valores adquiridos para a CE, provavelmente caíram no mesmo intervalo que os apresentados na

Figura 7. Uma estimativa do tempo durante o qual o Sachtofer forneceu espécies solúveis na instalação em grande escala pode ser gerada simplesmente tendo em conta a solubilidade em água do CaSO $*2H_{42}$ O (cerca de 2 g/l), o seu conteúdo no Sachtofer (4,9 toneladas) e o volume de água que, em média, passou pelo filtro. A quantidade indicada de gesso dissolver-se-ia em 2450 m^3 de água. Em média, o volume de água que passou pelo filtro durante um ano foi de 5000 m^3 , o que significa que o fornecimento de iões do filtro pode ter sido interrompido após cerca de meio ano de funcionamento contínuo. A Figura 9 mostra que a quantidade acumulada de água que passou pelo filtro grande atingiu 5000 m^3 em outubro de 2011; nessa altura, o filtro provocou um pequeno aumento da CE do afluente e a eficiência de remoção de P dissipou-se, devido não só à redução do fornecimento de espécies solúveis, mas também a outros factores discutidos nas Secções 5.4.2 e 5.4.3 abaixo.

5.4.2 Retenções cumulativas de P por Sachtofer a diferentes escalas

Os resultados dos testes laboratoriais com Sachtofer indicam que o material pode absorver quantidades consideráveis de P, e a sua capacidade de absorção de P é comparável à de outros materiais atractivos (ver Tabela 1 no Documento I). Como mostram as experiências de manipulação do pH e as extracções de água de Sachtofer saturado com P, a maior quantidade de P em Sachtofer intemperizado existe como associações Fe-P (II; Uusitalo et al. 2012a). Vários factores, como a concentração de P no afluente, a presença de DOC, a formação de fluxos preferenciais e o crescimento microbiano no filtro à escala do campo, contribuíram para a redução da retenção cumulativa de P do Sachtofer durante o aumento da sua aplicação.

À semelhança da influência dos iões Ca^{2+} , as alterações nas concentrações de P influentes afectaram as retenções cumulativas de P. A diminuição da concentração de P influente, ao mesmo tempo que aumentava a escala, causava uma diminuição dos produtos iónicos para os fosfatos de Ca, levando assim à captura de massas menores de P como precipitados de Ca-P. Nas configurações de meso e grande escala, a menor concentração de P influente resultou muito provavelmente na sorção menos eficiente de P nas superfícies de hidróxido de Fe, o que dissipou as retenções cumulativas de P destes filtros (III).

A menor afinidade do filtro de Sachtofer de mesoescala (ou seja, a diminuição da inclinação da curva de retenção) após a introdução da água do rio resultou provavelmente da sorção competitiva dos grupos RCOO⁻ e de outros iões nas superfícies de hidróxido de ferro; este sistema recebeu 176 g de DOC e reteve 10% desse valor. Do mesmo modo, em estudos de escoamento que utilizaram hidróxido férrico granular para tratar a água de biorreactores de membrana, Genz et al. (2004) referiram que o material retinha uma quantidade significativa de COD, o que implica uma forte afinidade do DOC para sítios reactivos nas superfícies de hidróxido de Fe. Outro fator que influenciou a diminuição da afinidade do filtro de mesoescala foi a sua saturação parcial com P. No momento da aplicação da água do rio como solução de alimentação, o filtro de mesoescala já tinha retido 2,7 mg P/g, o que representa cerca de 85% da quantidade total de P retido durante a experiência.

No presente estudo, a modelação da complexação Ca-DOC para o filtro de mesoescala indica que certas espécies, tais como $CaHDOC^+$ e CaDOC, representaram apenas uma pequena parte da concentração total de Ca nos efluentes (Informação suplementar no Documento III). Assim, a remoção de DOC do afluente ocorreu muito provavelmente através da sorção em superfícies de hidróxido de Fe e não através da floculação e precipitação com Ca. No ponto de adição da água do rio na configuração em mesoescala, Sachtofer forneceu apenas quantidades moderadas de Ca à água dos poros (III).

O filtro grande recebeu também afluentes com quantidades de DOC comparáveis às medidas na experiência à mesoescala (**III**). É muito provável que tais quantidades de DOC tenham também afetado a capacidade do filtro grande de reter P, quer através da precipitação de fosfatos de Ca, quer através da adsorção nas superfícies de hidróxido de Fe. No outono de 2010, quando a solubilização de $CaSO_4$ e $Ca(OH)_2$ do filtro grande ocorreu maioritariamente, os efluentes possuíam um pH ligeiramente alcalino, enquanto as concentrações de P influente eram inferiores a 0,1 mg/l. Assim, as condições para a precipitação eram favoráveis (Diaz et al. 1994). No entanto, as substâncias húmicas nos afluentes possivelmente formaram complexos com iões Ca^{2+} , reduzindo assim a taxa de precipitação dos fosfatos. Em ensaios descontínuos com águas ricas em matéria orgânica, Song et al. (2006), ao estudarem a precipitação de fosfatos de Ca, observaram que concentrações de DOC superiores a 10 mg/l aumentavam o consumo de Ca. Além disso, Romkens et al. (1996) elaboraram que em soluções contendo concentrações de Ca entre 0,001 e 0,01 mol/l (40-400 mg/l), os grupos $RCOO^-$ sofrem complexação Ca-RCOO e subsequente floculação. Além disso, os ligandos orgânicos podem ser removidos da água dos poros devido à formação de ligações com grupos RCOO- já sorvidos na superfície do filtro (RCOO-Ca-OOCR). À semelhança da instalação à mesoescala, os complexos CaHDOC+ e CaDOC nos efluentes obtidos no início da experiência em grande escala representaram uma pequena porção da concentração total de Ca (Informação suplementar no Documento **III**). Isto implica que a complexação Ca-DOC apenas diminuiu ligeiramente a taxa de precipitação de fosfatos de Ca no filtro de grande dimensão.

A formação de fluxos preferenciais no filtro grande foi evidente nas últimas fases do teste, uma vez que a injeção do corante azul resultou na ocorrência de cor num minuto. Devido à solubilização do CaSO $*2H_{42}$ O, o Sachtofer perde as suas propriedades mecânicas e desenvolve uma estrutura quebradiça. Consequentemente, a desintegração das partículas levou ao colapso do filtro e à obstrução das vias de água inicialmente livres. Os ciclos de congelação e descongelação também contribuíram para a desintegração das partículas. Uma solução para reduzir a ocorrência de fluxos preferenciais poderia ser a utilização de um grande número de tubos de entrada, mas nesse caso a solubilização do gesso continuaria a afetar as propriedades físico-químicas do Sachtofer.

O crescimento microbiano na superfície do material também suprimiu o desempenho do filtro de grande escala ao bloquear os sítios reactivos. Em experiências de campo com Sachtofer, Saaremae et al. (2014) observaram que o crescimento de algas na superfície do filtro reduzia significativamente o seu potencial de retenção de P, especialmente durante o verão. Este efeito também se verificou na nossa experiência de campo. No entanto, a sua magnitude e influência na retenção de P ainda não são claras. A Figura 13 apresenta um esboço que ilustra a eficiência de remoção de P do Sachtofer, bem como os mecanismos de retenção de P e os factores críticos que afectam a sua eficiência.

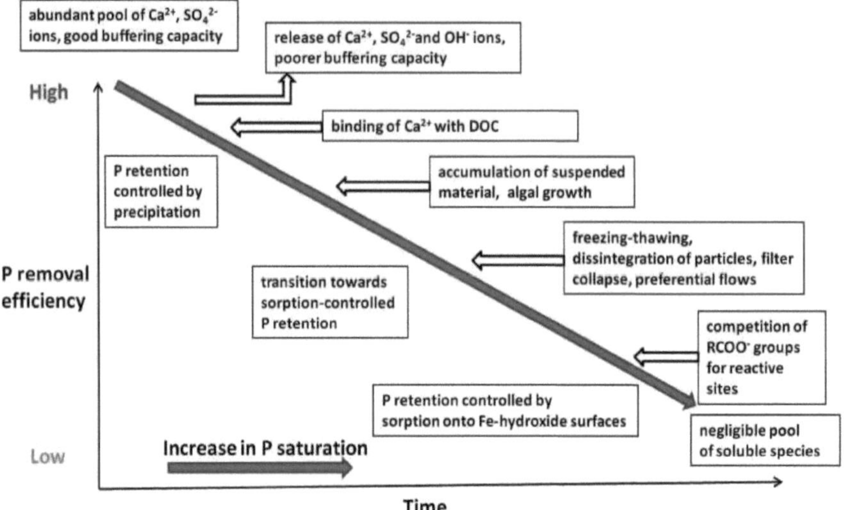

Figura 13. Ilustração do efeito de vários parâmetros na eficiência de remoção de P de um filtro Sachtofer em condições de campo

Alguns estudos desenvolveram modelos para prever a quantidade cumulativa de P retido, bem como a vida útil de um filtro (Penn et al. 2012; Stoner et al. 2012). Esses modelos são úteis e requerem a introdução de determinadas caraterísticas químicas do material reativo, como as quantidades totais e extraíveis em água de Ca e Mg, bem como as quantidades totais e extraíveis por oxalato de Fe e Al. Para além disso, o modelo deve também incluir a concentração de P afluente e o RT. A curva de projeto obtida por modelação calcula a quantidade de P adicionado necessária para que uma estrutura de remoção de P atinja a saturação de P. Essas curvas de projeto são úteis porque oferecem a possibilidade de fazer certas estimativas para o tempo de vida de um filtro sem realizar experiências para cada material. A capacidade de retenção de P prevista deve, no entanto, ser verificada em condições de campo (Lyngsie et al. 2015) devido aos parâmetros de qualidade variáveis dos afluentes, bem como às alterações físico-químicas do material ao longo do tempo.

5.4.3 Pseudo-equilíbrio entre as concentrações de P afluente e o teor de P nos filtros Sachtofer

Para os mecanismos comuns de retenção de P, a precipitação de fosfatos de Ca e a sorção de P em superfícies de hidróxido de Fe, é raro atingir o verdadeiro equilíbrio entre um filtro e a água dos poros, uma vez que tal equilíbrio requer períodos prolongados de contacto. Por exemplo, o processo de precipitação de fosfatos de Ca requer horas para atingir o equilíbrio final (Jenkins et al. 1971). Do mesmo modo, embora as reacções de permuta de ligandos sejam relativamente rápidas, em testes de retenção de P com resíduos de água potável, Makris et al. (2005) observaram que os materiais tinham absorvido P durante 80 dias. Assim, devido a RTs relativamente baixos, as estruturas de remoção de P destinadas ao tratamento de escoamento agrícola estão em conformidade com estados de pseudoequilíbrio e requerem materiais que possuam uma elevada afinidade para fosfatos. O aumento dos caudais de água resultante do degelo da neve ou das chuvas, que conduz a maiores reduções dos RT e à ocorrência de caudais de derivação, pode comprometer substancialmente a eficiência das estruturas de remoção de P.

Para o filtro de Sachtofer de mesoescala, RTs entre 5 e 30 min aparentemente não afectaram a remoção discreta de P. Este facto implica que o Sachtofer possui uma forte afinidade para os fosfatos. No entanto, a diminuição gradual da remoção discreta de P nas fases iniciais do ensaio em mesoescala resultou provavelmente do fornecimento reduzido de iões Ca^{2+} e OH^- do Sachtofer ao longo do tempo. Em testes laboratoriais de escoamento com subprodutos industriais, Stoner et al. (2012) estudaram subprodutos industriais ricos em Ca e Fe, aplicando TRs entre 0,5 e 10 min e concentrações de P afluente entre 0,016 e 0,48 mmol/l (0,5-15 mg/l), e observaram eficiências de remoção de P mais elevadas dos materiais ricos em Ca com TRs mais longos. No entanto, em experiências com filtros de grandes dimensões contendo óxido de ferro hidratado, Dobbie et al. (2009) registaram uma maior eficiência de remoção de P com o aumento do RT para mais de 15 min.

A Figura 12 mostra que o pequeno filtro de laboratório (6 g) manteve uma concentração de P no efluente mais elevada do que o filtro de mesoescala com saturações de P semelhantes. É muito provável que dois factores tenham influenciado grandemente esta diferença: a maior concentração de P no afluente e o menor tempo de repouso no filtro de laboratório. No entanto, as correlações para o filtro de mesoescala reflectem o aumento das concentrações de P no efluente com o aumento das concentrações de P no afluente. Este facto está em conformidade com a lei de Le Chatelier, uma vez que a concentração de P no efluente resulta da troca de P entre o filtro e o afluente, que potencialmente têm como objetivo atingir o equilíbrio. Em apoio a este facto, a eficiência do filtro grande apreendeu a uma saturação de P relativamente baixa, o que sugere ainda que a conceção de uma estrutura de remoção de P deve considerar a correlação entre o teor de P no filtro e a concentração de P no efluente.

As experiências de meso e grande escala confirmaram que a manutenção de um determinado limite de efluentes para o P dissolvido (por exemplo, de 0,0016 mmol/l como sugerido por Genz et al. 2004) era dificilmente alcançável mesmo com um RT mais longo. Na prática, um filtro Sachtofer poderia potencialmente manter esse limite de efluentes durante um período de tempo relativamente curto. Mesmo com uma saturação de P relativamente baixa, a concentração de P no efluente manter-se-ia acima de 0,0016 mmol/l (0,05 mg/l) porque o sistema filtro-poro tem como objetivo atingir o equilíbrio. Em vez de estabelecer limites para o efluente, os filtros poderiam ser projectados para ter como objetivo a remoção de uma parte substancial (por exemplo, 30-40%) da massa de P (**III**) dissolvido que entra.

5.5 Implicações práticas

Os resultados do presente estudo sugerem que o Sachofer, a escória de aciaria e o MDR possuem capacidades/afetividades de retenção de P relativamente elevadas e podem ser retentores de P atraentes. No entanto, para além do seu potencial de retenção de P, a realização de aplicações em maior escala dependeria também do preço do material, da sua disponibilidade e dos custos de transporte associados. A secção seguinte aborda alguns dos aspectos relacionados com os custos da aplicação em grande escala dos materiais anteriormente mencionados.

5.5.1 Sachtofer PR®

A fraca eficiência do grande filtro Sachtofer em condições de caudal elevado revela a sua inadequação para tratar eficazmente os caudais de ponta. O filtro tratou com sucesso apenas

20% do caudal total. Da mesma forma, Penn et al. (2007) observaram que uma estrutura de remoção de P concebida para o tratamento de escoamento agrícola tratava 9% do caudal em situações de tempestade. No entanto, a interceção dos caudais de ponta é importante, uma vez que o maior transporte de P ocorre durante o rápido degelo da neve e os períodos de chuva na primavera e no outono. O pico de fluxo no local determina o volume do meio reativo. No presente estudo, uma área de drenagem mais pequena permitiria caudais de entrada mais reduzidos (maiores RT) e um tratamento mais eficiente com a mesma dimensão de filtro. Outra opção seria a aplicação de um maior volume de material filtrante.

Para além dos custos de transporte, a Sachtofer tem um preço de 100-150 €/tonelada. Além disso, o material (tubos, painéis de contraplacado, colectores de amostras) custou 200 euros e o trabalho (maquinaria, escavação e alargamento da vala) custou 400 euros, pelo que o custo total da estrutura em 2010 foi de cerca de 1500 euros. Um cálculo simples mostra que a construção do filtro grande não foi rentável. No que diz respeito à quantidade acumulada de P retido (0,05 g/kg), o custo deste sítio-piloto foi de 4300 €/kg de P. Um preço-alvo mais razoável de cerca de 7 €/kg de P poderia ser possível se o Sachtofer fosse aplicado apenas em fontes críticas de P, a fim de alcançar uma sorção significativa de P de, por exemplo, 30 g/kg. Em 2010, tendo em conta os custos totais necessários para tratar o escoamento agrícola de 17 ha de terras de cultivo, o custo da construção de filtros de valas para diminuir as perdas de P de 70 000 ha de terras agrícolas no sudoeste da Finlândia com um elevado teor de P seria de cerca de 6,2 milhões de euros.

5.5.2 Subprodutos industriais

As escórias de aciaria e os resíduos de drenagem de minas estão normalmente disponíveis em muitos países e, excluindo os custos de transporte, são normalmente disponibilizados gratuitamente pelas indústrias siderúrgica e mineira (Shilton et al. 2006). Os resíduos de drenagem de minas são atractivos porque resultam de um processo que diminui a drenagem ácida de minas e, além disso, estes materiais podem ser reutilizados para resolver o problema da eutrofização.

Existem grandes quantidades de escória de aciaria na Finlândia; a produção anual de escória de aciaria em Rautaruukki Oy, por exemplo, atinge 190 000 toneladas, a produção na Europa é tão elevada como $15*10^6$ toneladas toneladas (Makikyro e Kallio, 2005). Antes da aplicação das escórias de aciaria, estas devem ser submetidas a operações como a peneiração para remover o material mais fino, que poderia eventualmente interferir com a condutividade hidráulica do filtro devido à formação de fosfatos/carbonatos de Ca. Uma vantagem das escórias de aciaria é o facto de não adsorverem o CO_2 do ar e de provocarem a conversão do $Ca(OH)_2$ em carbonato de cálcio ($CaCO_3$), pelo que a sua exposição prolongada a condições exteriores não afecta a quantidade de componente reativo que contêm (Ziemkiewicz, 1998).

A construção de uma estrutura de remoção de P incorrerá naturalmente em determinados custos. Penn et al. (2012), por exemplo, testaram o desempenho de um filtro de escória de aço numa zona urbana durante um período de cinco meses. A concentração de P ponderada pelo caudal foi de 0,5 mg/l, e o filtro reteve 26 mg de P/kg, ou seja, cerca de 25% do total de P introduzido. Penn et al. (2012) indicaram que o custo total da construção da barreira foi de cerca de 1700 euros. No entanto, tendo em conta a quantidade de P que o filtro reteve, a relação custo-eficácia da estrutura foi fraca; neste caso, a remoção de 1 kg de P exigiu 24 000 euros.

Na Finlândia, os MDR estão disponíveis em quantidades limitadas, o que restringe grandemente a sua aplicação em grande escala. Grandes quantidades de MDR (também conhecida como ocre) estão disponíveis no Reino Unido, por exemplo, onde a produção anual de ocre é de $3,7*10^4$ toneladas (Hancock, 2005). No entanto, a MDR fresca utilizada no presente estudo possui um elevado teor de água e, por conseguinte, necessita de ser seca antes da sua aplicação como filtro de P. Além disso, o material é altamente quebradiço, o que torna a sua utilização muito difícil. Além disso, o material é altamente frágil e requer processamento adicional e transformação num produto mais durável. Quando se lida com estes materiais, também se deve ter em atenção o teor de metais pesados do material.

5.5.3 Combinação de estruturas de remoção de P e de melhores práticas de gestão

O presente estudo indica que a obtenção gratuita do material reativo (como acontece com os subprodutos industriais) poderia reduzir os custos de instalação de um grande filtro Sachtofer em até 60%. No entanto, a aplicação de um material relativamente caro pode também justificar-se se, em última análise, atingir uma saturação significativa de P que facilite, de forma económica, a recuperação de P do material usado. Em apoio a este facto, Penn et al. (2014) sugeriram que a utilização de uma estrutura de remoção de P se torna viável quando se tratam águas com concentrações de P superiores a 0,2 mg/l. Assim, como sugerem os resultados obtidos no presente estudo, as estruturas de remoção de P devem visar fontes críticas, ou pontos quentes, a fim de maximizar a sua relação custo-eficácia.

McDowell e Nash, (2012) compararam a relação custo-eficácia de diferentes medidas para atenuar as perdas de P nas explorações agrícolas da Austrália e da Nova Zelândia. A comparação incluiu práticas de gestão, correcções do solo e aplicações na orla do terreno.

McDowell e Nash, (2012) revelaram que os custos mais baixos (menos de 12 €/kg de P) resultaram da utilização de fertilizantes de baixa solubilidade, enquanto os custos mais elevados foram devidos à aplicação de zonas húmidas construídas (tão elevados como 250 €/kg de P). No entanto, a redução das perdas de P deve incluir uma combinação de medidas como a gestão da entrada de P nos solos, a correção dos solos com materiais que retêm P, bem como a utilização de estruturas de remoção de P ou de zonas húmidas construídas para reter o P.

6. Conclusões e recomendações

❖ As experiências laboratoriais indicam que os materiais ricos em Ca, tais como Filtra P, escórias de aço e Sachtofer, bem como os MDR ricos em Fe, possuem elevadas capacidades de retenção de P. Foram identificados dois mecanismos distintos de retenção de P, a precipitação de fosfatos de Ca e a sorção em superfícies de hidróxido de Fe, após o processo de meteorização e nos ensaios de manipulação do pH. A meteorização dos materiais ricos em Ca reduziu significativamente o seu potencial de retenção de P, mas também revelou, no caso do Sachtofer, a conversão da retenção de P controlada por precipitação para a retenção controlada por sorção. Os protocolos laboratoriais para identificar filtros de P promissores devem também incluir testes de libertação de P envolvendo extracções com grandes volumes de água.

❖ A aplicação em escala superior de Sachtofer implicou que a retenção cumulativa de P diminuiu em três ordens de grandeza; o declínio na concentração de P influente foi da mesma ordem de grandeza à medida que a escala da aplicação aumentou. Este facto sublinha a necessidade de utilizar influentes com caraterísticas semelhantes no laboratório e no terreno. No entanto, a utilização de influentes com concentrações de P relativamente elevadas continua a ser importante para estimar a capacidade de um material para reter quantidades significativas de P. Além disso, a experiência à mesoescala confirmou o efeito supressor do DOC na retenção de P. A acumulação de matéria orgânica e a formação de fluxos preferenciais resultantes da desintegração do material comprometeram ainda mais o desempenho do filtro grande ao longo do tempo.

❖ De acordo com os resultados das experiências em meso e grande escala, a manutenção de um determinado limite de efluentes foi bastante difícil, mesmo com concentrações mais baixas de P na entrada. Um objetivo alcançável seria reter uma parte significativa da entrada total de P, o que poderia levar a uma melhor qualidade das massas de água.

❖ A maior parte do P introduzido no filtro grande foi fornecida em condições de caudal elevado resultantes do rápido degelo da neve na primavera e de chuvas fortes no outono. Assim, os caudais máximos devem ser incorporados como parâmetro de projeto na construção de uma estrutura de remoção de P. Os longos Invernos nas altas latitudes setentrionais e a persistência de geadas dificultam o desempenho adequado das estruturas de remoção de P. No presente estudo, o período anual efetivo do filtro grande durou cerca de oito meses, de abril a novembro.

❖ Os subprodutos industriais, tais como as escórias de aço e os resíduos de drenagem de minas, são retentores competitivos devido aos seus baixos custos. No entanto, para justificar o custo de construção de uma estrutura de remoção de P, o material deve ser capaz de atingir uma saturação significativa de P, permitindo assim uma potencial recuperação de P do filtro de P usado. Além disso, estes métodos devem ser associados a outras melhores práticas de gestão, a fim de reduzir as perdas de P provenientes da agricultura.

❖ A aplicação de materiais que retêm P oferece uma solução potencial adicional para o tratamento do escoamento agrícola. Embora a necessidade de protocolos laboratoriais normalizados seja grande, os protocolos devem ser modificados para se adaptarem às propriedades do material. Além disso, a conceção de uma estrutura de remoção de P depende claramente de parâmetros específicos do local, tais como as caraterísticas de qualidade dos afluentes e as condições de fluxo.

Referências

Adam, K., Krogstad, T., Sovik, A.K. e Jenssen, P.D. 2006. Sorção de fósforo em Filtralite-P - O efeito de diferentes escalas. Water Research 40: 1143-1154.

Adam, K., Krogstad, T., Vrale, L., Sovik A.K. e Jenssen P.D. 2007. Retenção de fósforo nos materiais filtrantes shellsand e Filtralite P® - Experiência em lote e coluna com solução sintética de P e águas residuais secundárias. Engenharia Ecológica 29: 200-208.

Antelo, J., Avena, M., Fiol, S., Lopez R. e Arce, F. 2005. Efeitos do pH e da força iónica na adsorção de fosfato e arseniato na interface goethita-água. Journal of Colloid and Interface Science 285: 476-486.

Antikainen, R., Lemola, R., Nousiainen, J.I., Sokka, L., Esala, M., Huhtanen, P. e Rekolainen, S. 2005. Stocks and flows of nitrogen and phosphorus in the Finnish food production and consumption system. Agriculture, Ecosystems and Environment 107: 287-305.

Antikainen, R., Haapanen, R., Lemola, R., Nousiainen, J.I. e Rekolainen. S. 2008. Nitrogen and phosphorus flows in the Finnish agricultural and forest sectors, 19102000. Water Air Soil Pollution 194: 163-177.

Agyin-Birikorang, S. e O'Connor, G.A. 2007. Labilidade do fósforo imobilizado de resíduos de tratamento de água potável (WTR): Efeitos do envelhecimento e do pH. Jornal de Qualidade Ambiental 36: 1076-1085.

Baird, C. e Cann, M. 2005. Environmental Chemistry. 3ª Edição, W.H. Freeman and Company, Nova Iorque. EUA.

Bastin, O., Janssens, F., Dufey, J. e Peeters, A. 1999. Remoção de fósforo por um composto sintético de óxido de ferro-gesso. Engenharia Ecológica 12: 339-351.

Bowman, R.A. 1988. Um método rápido para determinar o fósforo total nos solos. Soil Science Society of America Journal 52: 1301-1304.

Brady, N.C. e Weil, R.R. 2008. The nature and properties of soils.14th Edition, Pearson Prentice Hall, Upper Saddle River, New Jersey, Columbus, Ohio, EUA.

Callahan, M. P., Kleinman, P. J.A., Sharpley, A. N. e Stout, W. L. 2002. Avaliação da eficácia de corretivos alternativos do solo que absorvem fósforo. Ciência do solo 167 (8): 539-547.

Chardon, W.J., Groenenberg, J.E., Temminghoff, E.J.M., e Koopmans, G.F. 2012. Utilização de materiais reactivos para ligar o fósforo. Jornal de Qualidade Ambiental 41: 636-646.

Cordell, D., Drangert, J.O. e White, S. 2009. Global food security and food for thought. Global Environmental Change 19: 292-305.

Cucarella, V. e Renman, G. 2009. Capacidade de sorção de fósforo de materiais filtrantes utilizados para o tratamento de águas residuais no local, determinada em experiências de lote - um estudo comparativo. Jornal de Qualidade Ambiental 38: 381-392.

Cucarella, C. V. 2009. Reciclagem de substratos de filtros utilizados para remoção de fósforo de águas residuárias como corretivos de solo. Tese de doutoramento. KTH (Instituto Real de Tecnologia), Estocolmo, Suécia.

Diaz, O. A., Reddy, K.R. e Moore, Jr. P.A. 1994. Solubilidade do fósforo inorgânico na água do rio influenciada pelo pH e pela concentração de cálcio. Water Research 28: 1755-1763.

Dobbie, K. E., Heal, K. V., Aumonier, J., Smith, K. A., Johnston, A. e Younger, P. L. 2009. Avaliação do ocre de ferro do tratamento de drenagem de minas para a remoção de fósforo de águas residuais. Chemosphere 75: 795-800.

Drizo, A., Comeau, Y., Forget, C. e Chapuis, R.P. 2002. Potencial de saturação de fósforo: Um parâmetro para estimar a longevidade dos sistemas de zonas húmidas construídas. Environmental Science and Technology 36: 4642-4648.

Ekholm, P.,   1998. Fósforo disponível para as algas proveniente da agricultura e da municípios. Tese de doutoramento. Instituto Finlandês do Ambiente, Finlândia.

Ekholm, P. e Krogerus, K. 1998. Biodisponibilidade do fósforo em águas residuais municipais purificadas. Water Research 32: 343-351.

Ekholm, P., Valkama, P., Jaakkola, E., Kiirikki, M., Lahti, K. e Pietola, L. 2012. A alteração do solo com gesso reduz as perdas de fósforo numa bacia hidrográfica agrícola. Ciência Agrícola e Alimentar 21: 279-291.

Emsley, J. 2000. The 13th element - The sordid tale of murder, fire and phosphorus (O elemento 13 - A história sórdida do assassínio, do fogo e do fósforo). John Wiley and Sons, Inc. Nova Iorque, EUA.

EPA, 1999. Rodzoneanl^g op til 30 PE, Environ Guidelines 1. EPA: 1-46 (em dinamarquês).

Genz, A., Kornmuller, A. e Jekel, M. 2004. Remoção avançada de fósforo de filtrados de membrana por adsorção em óxido de alumínio ativado e hidróxido férrico granulado. Water Research 38: 3523-3530.

Gilbert, N. 2009. O nutriente que está a desaparecer. Natureza 461: 716-718.

Groenenberg, J. E., Chardon, W. J. e Koopmans, G. F. 2013. Reduzindo a carga de fósforo das águas superficiais usando areia revestida de ferro. Jornal de Qualidade Ambiental 42: 250-259.

Hancock, S. 2005. Quantificação das emissões de ocre: Output from the UK Coal Authority's Mine Water Treatment Sites. - In: Loredo, J. & Pendas, F.: Mine Water 2005 - Mine Closure.

395-402. Oviedo (Universidade de Oviedo).

Haygarth, P.M., Condron, L.M., Heathwaite, A.L., Turner, B.L. e Harris, G.P. 2005. O continuum da transferência de fósforo: Ligar a fonte ao impacto com uma abordagem interdisciplinar e multi-escala. Science of the Total Environment 344: 5-14.

HELCOM, 2011. Quinta Compilação da Carga de Poluição do Mar Báltico (PLC-5) Mar Báltico
Actas do Ambiente. No. 128. Disponível em: http://www.helcom.fi/stc/files/Publications/Proceedings/BSEP128.pdf [Acedido em 11 de março de 2015]

Henze, M., Harremoes, P., Janse, J. e Arvin, E. 2002. Wastewater Treatment: Biological and Chemical Processes. 3ª edição, 327-348. Springer - Verlag, Berlim, Alemanha.

Hoffmann, C.C., Kronvang, B. e Audet, J. 2011. Avaliação da retenção de nutrientes em quatro zonas húmidas ripícolas dinamarquesas restauradas. Hydrobiologia 674: 5-24.

Howarth, R.W. e Marino, R. 2006. O azoto como nutriente limitante da eutrofização nos ecossistemas marinhos costeiros: Evolução dos pontos de vista ao longo de três décadas. Limnology and Oceanography 51: 364-376.

Hsu, P. H. 1964. Adsorção de fosfato por alumínio e ferro no solo. Soil Science Society Proceedings 28: 474-478.

ISO 11466:1995(E). Qualidade do solo - Extração de elementos vestigiais solúveis em água régia.

Jenkins, D., Ferguson, J. F. e Menar, A. B. 1971. Processos químicos para a remoção de fosfato. Water Research 5: 369-389.

Johansson, L. e Gustafsson J. P. 2000. Remoção de fosfatos utilizando escórias de alto-forno e mecanismos de opoka. Water Research 34: 259-265.

Jourak, A., Frishfelds, V., Lundstrom, S.T., Herrmann, I., e Hedstrom, A. 2011. Modelação da remoção de fosfato por Filtra P em colunas de leito fixo. Segunda Conferência Internacional sobre Ciência e Tecnologia Ambiental (ICEST 2011).

Karczmarczyk, A. e Bus, A. 2014. Ensaio de materiais reactivos para a remoção de fósforo da água e das águas residuais - estudo comparativo. Land Reclamation 46 (1): 5767.

Kirkkala, T., Ventela, A.-M. e Tarvainen, M. 2012. Experiência de longo prazo à escala do terreno sobre a utilização de filtros de cal numa bacia hidrográfica agrícola. Journal of Environmental Quality 41 (2): 410-419.

Kostura, B., Kulveitova, H. e Lesko, J. 2005. Escórias de alto-forno como sorventes de fosfato de soluções aquosas. Water Research 39: 1795-1802.

Kynkaanniemi, P. 2014. Pequenas zonas húmidas concebidas para a retenção de fósforo em zonas agrícolas suecas. Tese de doutoramento. Universidade Sueca de Ciências Agrícolas, Uppsala, Suécia.

Lemola, R., Uusitalo, R., Sarvi, M., Ylivainio, K. e Turtola, E. 2013. Necessidade da planta e balanço zero - desenvolvimento de P no solo em dois cenários de entrada de P na Finlândia. Baltic Manure WP4 Standardisation of Manure Types with Focus on Phosphorus (Normalização de tipos de estrume com enfoque no fósforo).

Lyngsie, G., Chad, P. J., Pedersen, H. L., Borggaard, O. K. e Hansen, H. C.B. 2015. Modelação da retenção de fosfato por materiais filtrantes ricos em Ca- e Fe em condições de escoamento. Engenharia Ecológica 75: 93-102.

Makris, C. K., Harris, W. G., O'Connor, G.A., Obreza, T.A. e Elliott, H.A. 2005. Propriedades físico-químicas relacionadas com a retenção de fósforo a longo prazo por resíduos de tratamento de água potável. Environmental Science and Technology 39: 4280-4289.

McDowell, R. W. e Nash, D. 2012. A review of the cost-effectiveness and suitability of mitigation Strategies to prevent phosphorus loss from dairy farms in New Zealand and Australia. Journal of Environmental Quality 41: 680-693.

Motulsky, H., GraphPad Prism 4.03, GraphPad Software; software disponível em http://www.graphpad.com/.

Makikyro, M. e Kallio, R. 2005. A utilização de co-produtos da indústria siderúrgica. Actas da sétima conferência finlandesa de ciências ambientais. Jyvaskyla, 12-13 de maio. pp 19-22.

Neufeld, R.D. e Thodos, G. 1969. Remoção de ortofosfatos de soluções aquosas com alumina activada. Environmental Science and Technology 3: 661-667.

Penn, C.J. e Bryant, R. B. 2006. Aplicação de materiais absorventes de fósforo em áreas de pastagem de gado à beira de cursos de água. Journal of Soil and Water Conservation 61: 303-310.

Penn, C.J., Bryant, R.B., Kleinman, P.J.A. e Allen, A.L. 2007. Remoção de fósforo dissolvido da água de valas de drenagem com materiais absorventes de fósforo. Journal of Soil and Water Conservation 62: 269-276.

Penn, C.J. e McGrath, J. M. 2011. Previsão da sorção de fósforo na escória de aço utilizando uma abordagem de fluxo com aplicação a um sistema à escala piloto. Jornal de Recursos Hídricos e Proteção 3: 235-244.

Penn, C.J., McGrath, J. M., Rounds, E., Fox, G. e Heeren, D. 2012. Captura de fósforo no escoamento com uma estrutura de remoção de fósforo. Jornal de Qualidade Ambiental 41:672-679.

Penn, C.J., McGrath, J. M., Bowen, J. e Wilson, S. 2014. Estruturas de remoção de fósforo: Uma opção de gestão para o fósforo herdado. Jornal de conservação do solo e da água. 69 (2):

51A-56A.

Pitkanen, H., Kiirikki, M., Savchuk, O. P., Raike, A., Korpinen, P. e Wulff, F. 2007. Procura de estratégias de proteção eficientes para o Golfo da Finlândia eutrofizado: A utilização combinada de modelação 1D e 3D na avaliação de cenários de estado a longo prazo com elevada resolução espacial. Ambio 36 (2-3): 272-279.

Puustinen, M., Koskiaho, J. e Peltonen, K. 2005. Influência dos métodos de cultivo nos sólidos suspensos e nas concentrações de fósforo no escoamento superficial em campos argilosos inclinados em clima boreal. Agriculture, Ecosystems and Environment 105: 565-579.

Rockstrom; J., Steffen, W., Noone, K., Persson, A. et al. 2009. Um espaço operacional seguro para a humanidade. Nature 461: 472-475.

Russell, L.L., 1976. Aspectos químicos da recarga de águas subterrâneas com águas residuais. Tese de doutoramento. Universidade da Califórnia, Berkeley, EUA.

Romkens, P. F., Bril, J. e Salomons, W. 1996. Interação entre Ca^{2+} e carbono orgânico dissolvido: implicações para a mobolização de metais. Applied Geochemistry 11: 109115.

Saaremae, E., Liira, M., Poolakese, M. e Tamm, T., 2014. Remoção de fósforo com grânulos de óxido de Ca-Fe - um possível material de filtro de zonas húmidas. Hydrology Research 45 (3): 368-378.

Sakadevan, K. e Bavor, H.J. 1998. Caraterísticas de adsorção de fosfato de solos, escórias e zeólito a utilizar como substratos em sistemas de zonas húmidas construídas. Water Research 32 (2): **393-399**.

Schindler, D.W. 1977. Evolution of phosphorus limitation in lakes (Evolução da limitação de fósforo nos lagos). Science 195: 260262.

Schwertmann, U. 1964. Diferenciação de óxidos de Fe no solo por extração com solução de oxalato de amónio. (Differenzierung der Eisenoxide des Bodens durch Extraktion mit Ammoniumoxalat Losung. Zeitschrift fur Pflanzenernahrung und Bodenkunde) 105, **194-202**.

Shilton, A. N., Elmetri, I., Drizo, A., Pratt, S., Haverkamp, R.G. e Bilby, S.C. 2006. Remoção de fósforo por um filtro de escória "ativo" - uma década de experiência à escala real. Water Research 40: **113-118**.

Sibrell, P.L., Montgomerry, G. A., Ritenour K. L. e Tucker, T.W. 2009. Remoção de fósforo de águas residuais agrícolas utilizando meios de adsorção preparados a partir de lamas de drenagem ácida de minas. Water Research 43: **2240-2250**.

Sigg, L. e Stumm, W. 1981. A interação de aniões e ácidos fracos com a superfície de goethite hidratada (a- FeOOH). Colloids and Surfaces 2: **101-117**.

Soane, B., Ball, C. B., Arvidsson, J., Basch, G., Moreno, F. et al. 2012. Plantio direto no norte, oeste e sudoeste da Europa: A review of problems and opportunities for crop production and the environment. Soil and Tillage Research 118: **66-87**.

Song, Y. H., Hahn, H. H., Hoffmann, E. e Weidler, P. G. 2006. Efeito das substâncias húmicas na precipitação de fosfato de cálcio. Jornal de Ciências Ambientais 18 (5): 852-857.

Stoner, D., Penn, C. J., McGrath, J. M. e Warren. J. G., 2012. Remoção de fósforo com subprodutos em um ambiente de fluxo contínuo. Journal of Environmental Quality 41 (3): **654-663**.

Streat, M., Hellgardt, K. e Newton, N.L.R. 2008. Óxido férrico hidratado como adsorvente no tratamento de águas - Parte 3: adsorção em batelada e em mini-coluna de iões arsénio, fósforo, flúor e cádmio. Segurança de processos e proteção ambiental 86: **21-30**.

Sovik, A.K. e Klove, B. 2005. Processos de retenção de fósforo em sistemas de filtros de areia de conchas que tratam águas residuais municipais. Engenharia Ecológica 25: 168-182.

Tanner, C. C. e Sukias, P. S. J. 2011. Desempenho plurianual de remoção de nutrientes de três zonas húmidas construídas que interceptam fluxos de drenagem de azulejos de pastagens pastadas. Jornal de Qualidade Ambiental 40: 620-633.

Turtola, E. 1999. Fósforo em águas de escoamento superficial e de drenagem afectadas por práticas culturais. Tese de doutoramento. Universidade de Helsínquia, Finlândia.

Turtola, E. e Yli-Halla, M. 1999. Destino do fósforo aplicado em chorume e fertilizante mineral: acumulação no solo e libertação na água de escoamento superficial. Nutrient Cycling in Agroecosystems 55: **165-174**.

Uusi-Kamppa, J. 2010. Efeito da produção ao ar livre, da gestão do chorume e das zonas-tampão nas perdas de fósforo e azoto por escoamento superficial em explorações de gado finlandesas. Tese de doutoramento. MTT Agrifood Research Finland, Jokioinen, Finlândia.

Uusitalo, R., Turtola, E. Puustinen, M., Paasonen-Kivekas, M. e Uusi-Kamppa, J. 2003. Contribution of Particulate Phosphorus to Runoff Phosphorus Bioavailability (Contribuição do Fósforo Particulado para a Biodisponibilidade do Fósforo no Escoamento). Journal of Environmental Quality 32 (6): **2007-2016**.

Uusitalo, R. 2004. Potencial biodisponibilidade do fósforo particulado no escoamento de solos argilosos aráveis. Tese de doutoramento. Universidade de Helsínquia, Finlândia.

Uusitalo, R., Ekholm, P., Lehtoranta, J., Klimeski, A., Konstari, O., Lehtonen, R. e Turtola, E. 2012. Grânulos de óxido de Ca-Fe como potencial material de barreira de fosfato para áreas de fonte crítica: Um estudo laboratorial da retenção e libertação de P. Ciência Agrícola e Alimentar 21: 224-236.

Uusitalo, R., Ylivainio, K., Hyvaluoma, J., Rasa, K., Kaseva, J., Nylund, P., Pietola, L. e

Turtola, E. 2012. Os efeitos do gesso na transferência de fósforo e outros nutrientes através de monólitos de solo argiloso. Ciência Agrícola e Alimentar 21: 260278.

Uusitalo, R., Narvanen, A., Kaseva, A., Launto-Tiuttu, A., Heikkinen, J., Joki-Heiskala, P., Rasa, K. e Salo, T. 2015. Conversão de fósforo dissolvido no escoamento por sulfato férrico numa forma menos disponível para as algas: Desempenho no terreno e avaliação de custos. Ambio 44(Suppl. 2): 286-296.

Valsami-Jones, E., (ed) 2004. Phosphorus in Environmental Technologies: Principles and Applications. IWA Publishing. Londres, Reino Unido.

Yee, W.C. 1966. Remoção selectiva de fosfatos mistos por alumina activada. Journal of the American Water Works Association 58: 239-247.

Yeoman, S., Stephenson, T., Lester, J.N. e Perry, R. 1988. A remoção de fósforo durante o tratamento de águas residuais: A review. Environmental Pollution: 183-235.

Ziemkiewicz, P. 1998. Escórias de aço: aplicações para o controlo da drenagem ácida de minas. Actas da Conferência de 1998 sobre Investigação de Resíduos Perigosos, p. 44-62. Realizada em Snowbird, Utah, EUA, de 18 a 21 de maio de 1998.

I want morebooks!

Buy your books fast and straightforward online - at one of world's fastest growing online book stores! Environmentally sound due to Print-on-Demand technologies.

Buy your books online at
www.morebooks.shop

Compre os seus livros mais rápido e diretamente na internet, em uma das livrarias on-line com o maior crescimento no mundo! Produção que protege o meio ambiente através das tecnologias de impressão sob demanda.

Compre os seus livros on-line em
www.morebooks.shop

Printed by Books on Demand GmbH, Norderstedt / Germany